现代建筑给排水工程施工管理

薛　辉　巩新伟　张　志◎著

吉林科学技术出版社

图书在版编目（CIP）数据

现代建筑给排水工程施工管理 / 薛辉，巩新伟，张
志著. -- 长春 ：吉林科学技术出版社，2023.3
ISBN 978-7-5744-0242-3

Ⅰ．①现… Ⅱ．①薛… ②巩… ③张… Ⅲ．①建筑工
程－给水工程－施工管理②建筑工程－排水工程－施工管
理 Ⅳ．①TU82

中国国家版本馆 CIP 数据核字(2023)第 062023 号

现代建筑给排水工程施工管理

作　　者　薛　辉 巩新伟 张　志
出 版 人　宛　霞
责任编辑　管思梦
幅面尺寸　185 mm×260mm
开　　本　16
字　　数　299 千字
印　　张　13.25
版　　次　2023 年 3 月第 1 版
印　　次　2023 年 3 月第 1 次印刷

出　　版　吉林科学技术出版社
发　　行　吉林科学技术出版社
地　　址　长春市净月区福祉大路 5788 号
邮　　编　130118
发行部电话/传真　0431-81629529　81629530　81629531
　　　　　　　　　　　　81629532　81629533　81629534

储运部电话　0431-86059116

编辑部电话　0431-81629518
印　　刷　北京四海锦诚印刷技术有限公司

书　　号　ISBN 978-7-5744-0242-3
定　　价　80.00 元

前 言 Preface

　　水是循环的维系生命的物质。水循环可以分为自然循环和社会循环两个过程。人类社会的发展，尤其是给水排水工程技术的不断拓展，使得水的社会循环体系浩大而复杂。给水排水管道恰是连接水的社会循环领域各工程环节的通道和纽带，是实现给水排水工程设施功能的关键一环。在城镇化建设突飞猛进的今天，工程质量的问题尤其突出。

　　建筑给水排水工程是研究和解决以给人们提供卫生舒适、实用经济、安全可靠的生活与工作环境为目的，以合理利用与节约水资源、系统合理、造型美观和注重环境保护为约束条件的关于建筑给水，热水和饮水供应，消防给水，泳池水景，建筑排水，建筑中水、居住小区给水排水和建筑水处理的综合性技术学科。

　　本书从给排水工程基础理论入手，详细分析了建筑室内给水系统与排水系统的分类、常用管材设备以及管道的安装技术等内容，并针对室内给排水系统及室内卫生器具安装常见问题提出建筑给排水综合性问题的解决对策，同时探究了建筑给排水全过程质量控制管理方法等。另外，对市政给排水管道工程施工与市政给排水工程施工管理提出了一些建议，对现代建筑给排水工程施工与管理的应用有一定的借鉴意义。

　　因编写人员知识水平、实践经验所限，书中难免存在不完善之处，还请各位专家、读者批评指正。

目 录 Contents

第一章
给排水工程基础

第一节　概述

一、水的循环

（一）水的自然循环

地球上水的循环，可分为水的自然循环和水的社会循环。

水的自然循环是指各种水体受太阳能的作用，不断地进行相互转换和周期性的循环过程。各种状态的水从海洋、江河、湖泊、沼泽、水库及陆地表面的植被中蒸发、散发变成水汽，上升到空中，一部分被气流带到其他区域，在一定条件下凝结，通过降水的形式落到海洋或陆地上；一部分滞留在空中，待条件成熟，降到地球表面；降到陆地上的水，在地心引力的作用下，一部分形成地表的径流流入江河，最后流入海洋，还有一部分渗入地下，形成了地下径流，另外还有一小部分又重新蒸发回空中。这种现象称为水的自然循环。水的自然循环一般包括降水、径流、蒸发三个阶段。

水的循环途径可分为大循环和小循环。大循环是指海陆之间的水分交换，即海洋中的水蒸发到空中后，飘移到陆地上凝结后降落到地表面，一部分汇入江河，通过地面径流，回归大海，另一部分渗入地下，形成地下水，通过地下径流等形式汇入江河或海洋。

小循环是指海洋或陆地的水汽上升到空中凝结后又各自降入海洋或陆地，没有海陆之间的交换，即陆地或者海洋本身的水单独循环的过程。

（二）水的社会循环

人们在生活和生产过程中需要天然水体中的水，作为人类维持生命活动的基础物质以及生产过程的必需物质。这部分水，经过人们正常生活和生产过程使用后又重新排入自然环境中，这种循环被称为水的社会循环。水的社会循环主要是通过城市的给水排水系统来实现的。人们通过取水设施从水源取出可用水，经过适当处理达到使用要求后，送入千家万户及工业生产过程中，使用后水质遭受一定程度的污染成为污水，污水再通过排水管道收集送到污水处理厂（设施）进行处理，处理达标后排入自然水体或再生利用。

二、给水排水系统

（一）给水排水系统的组成

水的社会循环，是通过给水排水系统来实现的，给水排水系统主要由给水系统、建筑给水排水系统、排水系统组成。

1. 给水系统

给水系统包括水的取集、处理和输配三个部分。根据不同的供水水源、供水对象及地形等，给水系统的组成也有所不同。

2. 建筑给水排水系统

建筑给水排水系统包括建筑给水系统、建筑消防系统、建筑排水系统、建筑热水供应系统，以及小区给水、排水、雨水系统等。

3. 排水系统

排水系统包括污水管道系统、雨水管道系统、污水处理厂（设施）等。按照生活污水、工业废水和雨水是否由同一个管道系统排放，城市排水体制一般可分为分流制和合流制两种基本类型。分流制排水系统是将生活污水、工业废水、雨水采用两套或两套以上的管渠系统进行排放；合流制排水系统是将生活污水、工业废水和雨水用同一套管渠排放的系统。

分流制污水排水系统通常由排水管渠、污水处理厂和出水口组成。

（二）给水排水系统的工程设施

给水排水系统中的工程设施主要包括以下10方面：

1. 水源工程

水源工程包括城市水源、取水口、取水构筑物、提升原水的一级泵站等。水源工程的功能是将原水取、送到城市净水厂，为城市提供足够的水源。水源分为地表水和地下水两种，每种水源都有专门的取水工程，其作用是从选定的水源抽取原水，然后送至水处理构筑物或给水处理厂。由于地下水源和地表水源的类型及条件各不相同，所以取水工程也是多种多样的。取水工程设施一般包括取水构筑物和取水泵站。

无论是地表水资源，还是地下水资源，其水质、水量都需要采用相应的保护措施，以满足用水需要。对于地下水资源，在水量方面，应制订合理的开采计划，不应超采，以免引起生态环境恶化、地面沉降等不良后果；在水质方面，需要建立卫生防护地带，确保水质不受污染。对于地表水资源，在水量方面，应统筹规划流域的水量分配，流域上修建的水工、河工工程，应确保下游水源的水量供应，同时应采取工程措施保护水源地附近的河床，保证水源供水稳定可靠；在水质方面，应划分水源保护区，严格限制排入水源水体的水质，确保水源不受污染。

2. 水泵站

在水的社会循环过程中常常需要对水进行多次加压或提升，因此，有人将水泵站比喻为水循环过程中的"心脏"。当水源地势较低时，取水工程应设取水泵站；从给水处理厂向城市供水时应设送水泵站；由小区向建筑物供水时有时需要设加压泵站；污水从地下管网进入污水处理厂的处理构筑物时须设提升泵站；城市雨水不能自流排放时，应设雨水提升泵站。

3. 给水处理厂

当水源水质不能满足城市和工业企业的用水要求时，需要用物理、化学及生物等方法进行处理，使水质达到用水要求。给水处理厂的水处理工艺与水源的水质和供水水质要求有关。一般情况下，地表水的处理工艺比地下水的处理工艺复杂，受污染水源水的处理工艺更复杂。城市给水处理厂的出水水质应达到国家现行的《生活饮用水卫生标准》（GB 5749—2006）。工业企业对用水水质的要求不尽相同，和生产的产品、使用的工艺等有关，各个行业也都有其用水水质标准，如《工业锅炉水质》（GB/T 1576—2018）。

4. 水量调节设施

城市和工厂由水源取水，一般取水量在一天 24h 是相对均匀的，但城市和工厂的用水则是不均匀的。为了达到供需平衡，须设置水量调节设施，如清水池、水塔、高位水池等。当用水量小于给水厂的供水量时，多余的水贮于水池中；当用水量大于给水厂的供水量时，不足的那部分水量由水池进行补充。另外，为了防止由于水源水水质恶化不能取水（如泥沙含量过高，或受海水影响含盐量过高等）而影响供水，也需要设置贮水池。

5. 输、配水管道系统

输、配水管道系统包括输水管道（渠）和配水管网两部分。输水管道（渠）是指在较长距离内输送水量的管道或渠道，输水管道（渠）一般不沿线向两侧供水。如从水厂将清水输送至供水区域的管道（渠）、从供水管网向某大用户供水的专线管道、区域给水系统中连接各区域管网的管道等。配水管网是指分布在整个供水区域内的配水管道网络，其功能是将来自较集中点（如输水管渠的末端或储水设施等）的水量分配输送到整个供水区域，使用户从近处接管用水。配水管网由主干管、干管、支管、连接管、分配管等构成。

6. 建筑给水排水工程

建筑给水排水工程包括建筑给水工程、建筑消防工程、建筑排水工程、建筑热水供应工程，以及小区给水、排水、雨水工程等。此外，还有水景工程、泳池用水系统，以及中水系统等。

7. 工业给水排水工程

工业给水排水工程是指工业企业厂区内的给水排水系统与设施，包括给水管道系统、给水处理站、排水管道系统、污水处理站等。位于城区的工业企业，大多数由城市管网供水。水经厂区内给水管道系统配往各车间及用水部门。当工业企业对水质有特殊要求时，厂区内还应设专门的水处理车间，将自来水处理达到用水标准后再送到用水点。有些大型企业有独立供水系统，包括水源、给水处理站、给水管道系统等。厂区内设有排水管道系统，收集厂区内的各类排水，然后排入厂外城市排水管网。厂区内的排水或某一车间的排水如达不到排放标准，还须设污水处理装置进行处理，水质达标后才能排入城市排水管网。工厂内的给水管网，也供应各车间及工作部门消防用水。此外，为排除厂区的雨水须设雨水管网。

为提高用水效率和节约用水，工厂内常建设循环用水和水的重复利用系统，包括专用的泵站、管道、水处理设备等。所以，工业给水排水工程是很复杂的，特别是大型工业企业。

8. 排水管道工程

排水管道工程的作用是收集城市或工厂排出的污水及地面汇集的雨水。城市排水系统一般分为分流制排水系统和合流制排水系统。所谓分流制，就是污水与雨水分别由两个排水系统收集排放，污水排水管道系统将污水送入污水处理厂进行处理，达标后排放或利用；雨水排水管道系统将雨水直接排入河流。所谓合流制，就是污水与雨水共用一个排水管道系统。目前，一些城市的排水系统多为混流制（既有合流制，又有分流制）排水系统，新建的排水管道系统是分流制，而老城区排水管道系统是合流制。排水系统设有排水井、检查井、消能井以及提升泵站等。

9. 污水处理厂

污水处理厂的作用就是将污水处理后达到排放标准直接排放水体或达到再生利用标准

再生利用，如用于绿化、生态补水等。城市污水处理一般都以生物处理方法为核心处理工艺，常用的处理构筑物主要包括格栅、沉砂池、初沉池、生物处理构筑物、二沉池及深度处理构筑物等，污泥处理构筑物主要包括污泥浓缩、消化、脱水等设施。

由于工业废水成分复杂，因此处理方法和工艺也比较多，化学法、生物法、物理法的各种处理工艺都有应用。

10. 城区防洪

城区防洪包括两个方面：一是河流洪水；二是山洪水。河流防洪主要是修筑防洪坝（堤），防止洪水进入城区。这里所说的城区防洪主要是指山洪水的防洪。紧临山体坡地的城区，遭遇暴雨时，就会引起山溪洪水暴发，淹没城区，形成灾害。山洪水的防洪方法就是环城区周围设排洪沟渠，避免山洪水进入城区。

第二节　水资源的保护与利用

一、地球上的水资源

（一）水资源的基本含义

水是人类及一切生物赖以生存的物质，也是工农业生产、经济发展不可或缺的宝贵资源，同时，水资源也是维持生态平衡的最重要的物质。在科技大力发展的条件下，水作为一种自然资源更加体现了其对人类的重要性，它涉及人类的可持续发展。

由于对水资源的基本属性认识程度和角度的不同，有关水资源的确切含义仍未有统一定论。《中华人民共和国水法》将水资源定义为："地表水和地下水。"《大不列颠大百科全书》将水资源定义为："全部自然界任何形态的水，包括气态水、液态水和固态水的总量。"联合国教科文组织和世界气象组织共同制定的《水资源评价活动——国家评价手册》将水资源定义为："可以利用或有可能被利用的水源，具有足够数量和可用的质量，并能在某一地点为满足某种用途而可被利用。"《环境科学词典》将水资源定义为："特定时空下可利用的水，是可再利用资源，不论其质和量，水的可利用是有限制条件的。"

一般认为，水资源的概念有广义和狭义之分。

广义的水资源是指地球上所有的水。不论它以何种形式、何种状态存在，都能够直接或间接地被人类利用。狭义的水资源则认为水资源是在目前的经济技术条件下可被直接开发与利用的水。狭义的水资源除了考虑水量外还要考虑水质，而且开发利用时必须技术上可行、经济上合理且不影响地球生态。而很多水在目前的经济技术条件下不能称为水资源。如深层地下水开采技术难度大，只有极缺水地区才考虑使用；海水虽为地球上最多的水，但由于含盐高、处理费用大，还没有被人类大规模地利用；南北两极虽为最大淡水库，但由于远离人类居住地，利用时很不经济等。

所以，通常所说的水资源是指狭义上的水资源，即陆地上可供生产、生活直接利用的淡水资源。而这部分水量只占地球上总水量的极少一部分。

（二）水资源的特性

水是生命之源，在自然界进化过程中起着重要的作用，它参与自然界中一系列物理、化学和生物的作用过程，水的这种作用是由水自身的物理化学和生物特性所决定的。认识水的特性对合理开发利用水资源有着重要意义。

1. 循环性与有限性

地球上的水不是静止不动的，在太阳能和地球表面热能的作用下，地球上的水不断被蒸发成为水蒸气进入大气。水蒸气遇冷又凝聚成水，在重力的作用下，以降水的形式落到地面，这个周而复始的过程，称为水循环。水循环系统是一个庞大的天然水资源系统，处在不断的开采、补给和消耗、恢复的循环过程中，可以不断地供给人类利用和满足生态平衡的需要。水资源的可循环性并不表明水是"取之不尽，用之不竭"的，相反，水资源是非常有限的。全球的淡水资源仅占全球总水量的2.5%，且大部分都储存在极地冰川中，真正能被人类直接利用的淡水资源仅占全球总水量的0.6%。一旦实际利用量超过可循环更新的水量，就会面临水资源的不足，发生水荒甚至水资源的枯竭，破坏水平衡，造成严重的生态问题。可见，水循环过程是无限的，水资源的储量却是有限的。

2. 时空分布的不均匀性

水资源在自然界中具有一定的时间和空间分布，时空分布的不均匀性是水资源的又一特性。水资源的时空变化是由气候条件、地理条件等因素综合决定的。各区域所处的地理纬度、大气环流、地形条件的变化决定了该区域的降水量，从而决定了该区域水资源的多少。全球水资源的分布极不均匀，从各大洲水资源的分布来看，年径流量亚洲最多，其次为南美洲、北美洲、非洲、欧洲、大洋洲。从人均径流量的角度看，大洋洲人均径流量最多，其次为南美洲、北美洲、非洲、欧洲、亚洲。

我国水资源在区域上分布也不均匀。表现为东南多，西北少；沿海多，内陆少；山区多，平原少。在同一地区，不同时间分布差异性很大，一般夏多冬少。

3. 利用的多样性

水资源是被人类在生产和生活活动中广泛利用的资源，不仅广泛用于农业、工业和生活，还用于水运、水产、旅游和环境改造等，用水目的不同对水质和水量的要求也不相同。水资源的多种用途与综合经济效益是其他资源难以相比的，水资源对人类社会的进步与发展起着极为重要的作用。

4. 水的流动性与利害双重性

在常温下，水是以液态的形式存在的，具有流动性。这种流动性使水得以拦蓄、调节、引调，从而使水资源可被充分地开发利用，造福于人类。同时，这种流动性也使水具有一些危害，水量过多或过少的地区和季节，往往又产生各种各样的灾害，如洪涝灾害、泥石流、水土的流失与侵蚀等，给人类的生产生活带来很大的威胁。另外，水在流动并与地表、地层及大气相接触的过程中会夹带和溶解各种杂质，使水质发生变化。这一方面使水中具有各种生物所必需的有用物质，但另一方面也会使水质变坏、受到污染。水资源开发利用不当，又可制约国民经济发展，破坏人类的生存环境。这些都体现了水具有利害的双重性。所以，在开发利用过程中尤其强调合理利用，有序开发，以达到兴利除害的目的。

（三）全球水资源

地球上以各种形态存在的水的总量高达 14.6 亿 km^3，但海水、咸水约占总量的97.3%，存在于陆地上的各种淡水资源仅占总量的 2.7%。

全球淡水资源的 68.7%存在于南北极的冰川和永久雪盖之中，其余的主要是地下水，其他的淡水资源只占淡水总量的 1.3%。相对丰富的地下水中可作为水资源利用的通常是直接受地表水补给的浅层地下水，仅占地下水总量的很小部分。有资料表明，全球真正可供利用的水资源仅占地表水和地下水总量的 0.6%，称之为可利用水资源，其总量约为5 万 km^3。然而，由于水资源分布的不均匀性和人口分布的不均匀性，加之部分水资源的污染，真正能够利用的水资源量远小于这个数字。另外，淡水资源在全球各地分布不均，全球 65.5%的饮用水仅集中在 13 个国家：巴西（14.9%）、俄罗斯（8.2%）、加拿大（6%）、美国（5.6%）、印度尼西亚（5.2%）、中国（5.1%）、哥伦比亚（3.9%）、印度（3.5%）、秘鲁（3.5%）、刚果（2.3%）、委内瑞拉（2.2%）、孟加拉国（2.2%）和缅甸（1.9%）。与此同时，越来越多的国家正面临着严重的水资源短缺问题，一些国家甚至每年人均可用量不足 1000m^3。

（四）全球水资源面临的问题

根据地球水储量与分布，人类可利用的淡水资源只占地球上水的很小一部分。从未来的发展趋势看，由于社会对水的需求不断增加，而自然界所能提供的可利用的水资源又有一定限度，突出的供需矛盾使水资源已成为国民经济发展的重要制约因素，主要表现在：

1. 水量短缺严重，供需矛盾尖锐

随着社会需水量的大幅度增加，水资源供需矛盾日益突出，水资源量短缺现象非常严重。联合国提交的《2018 年世界水资源开发报告》称，目前，约有 36 亿人口，相当于将近一半的全球人口居住在缺水地区。到 2050 年，全球将有 50 多亿人面临缺水。缺水区在亚洲占 60%，在非洲占 85%。另外，世界上许多重要的水域是由多个国家共有的，普遍存在水资源利用矛盾和潜在冲突。

目前，初步统计全球地下水资源年开采量已达 550 km^3，其中，美国、印度、中国、巴基斯坦、欧盟、俄罗斯、伊朗、墨西哥、日本、土耳其的开采量之和占全球地下水开采量的 85%。尤其在亚洲地区，在过去的 40 年里，人均水资源拥有量下降了 50% 左右。

2. 水污染严重，"水质型缺水" 突出

随着经济、技术和城市化的发展，排放到环境中的污水量日益增多。《2018 年世界水资源开发报告》称，自 20 世纪 90 年代以来，在拉丁美洲、非洲和亚洲，几乎每条河流的水污染情况都进一步恶化。未来数十年，水质还将进一步恶化，对人类健康、环境和可持续发展的威胁只增不减。在污水排放量增加的同时，由于污水没有得到有效处理，水环境污染也日趋恶化。世界卫生组织估计，全球平均每年 84.2 万死于腹泻的人中有 36.1 万名 5 岁以下的儿童是因为不安全饮水。据联合国儿童基金会报道，全世界有 7.68 亿人在 2015 年无法得到安全的饮用水；每 6 人中就有 1 人无法满足联合国规定的每人每天 20~50L 淡水的最低标准。

（五）持续水资源开发与利用

从 20 世纪 80 年代起，在资源和环境领域，一个重要的理念就是"可持续发展"。可持续发展是指既满足现代人的需求又不损害后代人需求的能力。换言之，就是指经济、社会、资源和环境保护协调发展，它们是一个密不可分的系统，既要达到发展经济的目的，又要保护好人类赖以生存的自然资源和环境，使子孙后代能够永续发展和安居乐业。水资源在自然资源中占有极其重要的位置，是人类赖以生存的重要资源，其开发利用的战略必须符合可持续发展的理念和方针。

水资源不是取之不尽、用之不竭的资源，在水文大循环系统中，它遵循一定的自然规律进行运动和迁移，保持其量和质的平衡状态。所谓可持续水资源开发，就是要充分认识水资源系统的规律，科学地评价水资源的储地和可供开发利用的潜力，在此基础上制订开发利用的计划。随着工农业的发展，城市化进程的加速，人口的增加和相对集中化，生活水平的改善和提高，人们对水资源的需求量必然增大。面对需求量—供水量—水资源开发利用潜力三者之间的矛盾，必须研究符合可持续发展方针的水资源开发利用战略，确保需求量—供水量—水资源开发利用潜力三者之间的平衡和协调。

二、水资源的开发利用工程

水资源的开发和利用是通过水源工程来完成的，水源工程的重要组成部分是取水构筑物。取水构筑物的类型、取水量的多少，直接影响水源地的正常运行和水资源的可持续利用。取水构筑物的类型、取水量如果选择确定不合理，可能造成供水量不足，供水水源工程运行效率低下，或过量开采造成水源枯竭。本节将就水源特征、取水构筑物的类型等进行讨论。

（一）水源及其特点

各种用水水源可分为两大类：地表水源和地下水源。地表水源按水体的存在形式有江河、湖泊、蓄水库等；地下水源按水文地质条件有潜水（无压水）、自流水（承压地下水）和泉水。两类水源的特点不同。

1. 地表水源及其特点

地表水源是指在社会生产中具有使用价值和经济价值的地表水，既包括天然水，又包括通过工程措施（水库、运河等）和生物措施取得的地表水。

地表水资源在供水中占有十分重要的地位。地表水因受各种地面环境因素影响较大，作为供水水源，其特点主要表现为：

①水量大，总溶解固体含量较低，硬度一般较小，适合作为大型水量用水的供水水源。

②时空分布不均，水量和水质受季节影响大。

③保护能力差，容易受到污染。

④泥沙和悬浮物含量较高，常须净化处理后才能使用，取水条件和取水构筑物一般较复杂。

2. 地下水源及其特点

地下水资源是指一个地区或一个含水层中，有利用价值的、本身又具有不断更替能力的各种动态地下水量的总称。

地下水受形成、埋藏、补给和分布条件的影响，其特点主要表现为：

①水的径流量有限，水的含盐量和硬度较高，适合作为中小型水量用水的供水水源。

②分布面广。

③不易受到污染，水量、水质较稳定。

④水质澄清、色度低、细菌少，取水构筑物较简单。

作为用水水源而言，地下水源的取水条件及取水构筑物构造简单，施工与运行管理方便；水质处理比较简单，处理构筑物的投资及运行费用较低，且卫生防护条件较好。但是，对于规模较大的地下水取水工程，开发地下水源的勘查工作量较大，开采水量通常受到限制，而地表水源则常能满足大量用水需要。

相对于地下水源，地表水的取水条件，如地形、地质、水流状况、水体变迁及卫生防护条件均较复杂，所需水质处理构筑物较多，投资及运行费用也相应增大。

3. 水源的选择原则

用水水源的选择是给水工程的关键。在选择时应注意以下原则：

①水源选择必须在对各种水源进行全面分析研究，掌握其基本特征的基础上，综合考虑各方面因素，并经过技术经济比较后确定。确保水源水量可靠和水质符合要求是水源选择的首要条件。

②符合卫生要求的地下水可优先作为生活饮用水源考虑，但取水量应小于允许开采量。

③全面考虑，统筹安排，正确处理给水工程同有关部门，如工业、农业、航运、水电、环境保护等方面的关系，以求合理地综合利用开发水资源。

④应考虑取水构筑物本身建设施工、运行管理时的安全，注意相应的各种具体条件，如水文、水文地质、工程地质、地形、人防卫生等。

（二）地表水取水构筑物

1. 地表水取水构筑物的形式

由于地表水源的种类、性质和取水条件的差异，地表水的取水构筑物有多种类型和分类法。按地表水的种类可分为江河取水构筑物、湖泊取水构筑物、水库取水构筑物、山溪取水构筑物、海水取水构筑物；按取水构筑物的结构形式可分为固定式取水构筑物、移动式取水构筑物和山区浅水河流取水构筑物三大类，每一类又有多种形式，各自有不同的特点和适用条件。

河流的径流变化、泥沙运动、河床演变、冰冻情况、水质、河床地质与地形等一系列因素对于取水构筑物的正常工作及其取水的安全可靠性有着决定性的影响，选择地表水取水构筑物时应考虑的因素主要包括：

①取水河段的径流特征。

②泥沙运动和河床演变。

③河床与岸坡的岩性和稳定性。

④河流的冰冻情况。

⑤水工构筑物和天然障碍物。

2. 固定式取水构筑物

按取水点的位置和特点，固定式取水构筑物可分为岸边式、河床式及斗槽式。

（1）岸边式

直接从岸边进水的固定式取水构筑物，称为岸边式取水构筑物。

当河岸较陡、岸边有一定的取水深度、水位变化幅度不大、水质及地质条件较好时，一般都采用岸边式取水构筑物。岸边式取水构筑物通常由进水间和取水泵站两部分构成，它们可以合建，也可以分建。合建式具有布置紧凑、总建造面积较小、水泵的吸水管路短、运行安全、管理维护方便等优点，有利于实现泵房自动化，但结构和施工复杂。合建式适用于河岸坡度较陡、岸边水流较深且地质条件较好、水位变幅和流速较大的河流。在取水量大、安全性要求较高时，多采用此种形式。分建式岸边取水构筑物是将岸边集水井与取水泵站分开建立，对取水适应性较强、应用灵活、土建结构简单、施工容易，但吸水管长、运行安全性差、操作管理不便。分建式适用于河岸处地质条件差，以及集水井与泵房不宜合建的情况，当水下施工有困难，或建造合建式取水构筑物对河道断面航道影响较大时，宜采用分建式岸边取水构筑物。

（2）河床式

河床式取水构筑物，其取水设施包括取水头部、进水管、集水井和泵房。它的取水头设在河心，通过进水管与建在河岸的集水井相连接。根据集水井与泵房的位置也可分为合建式和分建式。

河床式取水构筑物适用于河岸较为平坦、枯水期主流离河岸较远、岸边水深较浅或水质不好、河床中部水质较好且水深较大的情况。它的特点是集水井和泵房建在河岸上，可不受水流冲击和冰凌碰击，也不影响河道水流。当河床变迁之后，进水管可相应地伸长或缩短，冬季保温、防冻条件比岸边式好。但取水头部和进水管经常淹没在水下，清洗和检修不方便。

（3）斗槽式

当河流含泥沙量大、冰凌严重时，宜在岸边式取水构筑物取水口处的河流岸边用堤坝围成斗槽，利用斗槽中流速较小、水中泥沙易于沉淀、冰凌易于上浮的特点，减少进入取水口的泥沙和冰凌，从而改善水质。这种取水构筑物称为斗槽式取水构筑物，它一般由岸边式取水构筑物和斗槽组成，适用于岸边地质较稳定、主流离岸较近、河流含泥沙和冰凌量大、取水量大的情况。

3．移动式取水构筑物

当修建固定式取水构筑物有困难时，可采用移动式取水构筑物。移动式取水构筑物可分为缆车式和浮船式。

（1）缆车式

缆车式取水构筑物是建造于岸坡截取河流或水库表层水的取水构筑物。它由缆车、缆车轨道、输水斜管和牵引设备等组成。其特点是缆车随着江河或水库的水位的涨落，通过牵引设备沿岸坡轨道上下移动。缆车式取水构筑物移动方便、稳定、受风浪影响较小，但施工工程最大，只取岸边表层水，水质较差。它适用于河床较稳定、河岸地质条件较好、水位变幅大、无冰凌、漂浮物不多的河流。

（2）浮船式

浮船式取水构筑物由浮船、锚固设备、联络管及输水斜管等组成。适用于河岸较稳定并有适宜坡度、水流平稳、水位变幅较大、河势复杂的河流。优点是易于施工、灵活和适应性强、能取到含沙量少的表层水；缺点是需要随水位涨落拆换接头、移动船位，操作较频繁，供水安全性差等。

4．山区浅水河流取水构筑物

山区浅水河流多属河流的上游段，具有河床坡度大、河流狭窄、水流湍急、河床稳定性好，河流径流量及水位变化较大，河水的水质变化剧烈等特点。所以，取水构筑物也有自己的特点。这一类取水构筑物有低坝式和底栏栅式两种，主要是为了抬升水位，便于取水。

（1）低坝式

低坝式取水构筑物常由拦河低坝、引水渠及取水泵房等部分组成。其中拦河坝又分为固定式（由混凝土或浆砌块石筑成）和活动式（如橡胶坝、浮体闸等）。它的特点是能利用坝上下游水位差将上游沉积的泥沙排至下游。适用于枯水期流量小、取水深度小、推移质较多的山区河流。

（2）底栏栅式

底栏栅式取水构筑物常由底栏栅、引水廊道、闸阀、冲沙室、溢流堰和沉沙池等组成。在拦河低坝上设有进水底栏栅及引水廊道。河水流经坝顶时，一部分通过栏栅流入引水廊道，经过沉沙池去除粗颗粒泥沙后，再由水泵抽走。其余河水经坝顶溢流，并将河水所携带的推移质或漂浮物带至下游。当取水量大，推移质甚多时，可在底栏栅一侧设置冲沙室和进水闸。底栏栅式取水适用于河床较窄、水深较浅、河底纵坡大、大颗粒推移质或漂浮物较多的山区河流。

(三) 地下水取水构筑物

1. 地下水的存在形态

地下水是指以各种形式存在于地表以下岩石和土壤的孔隙、裂隙、空洞或含水层中可以流动的水体，其主要是由渗透和凝结作用形成的。地下水分布广泛，水量较稳定，是重要水源之一。

地下水按其存在的形式可分为气态水、吸着水、薄膜水、毛细管水、重力水和固态水；按含水层的埋藏特点可分为上层滞水、潜水和承压水三个类型。

上层滞水是在地表以下留存于某些不透水镜体上的地下水。其特点是量小且直接决定于不透水镜体的面积；靠近地表，直接靠大气降水补给，水量季节性变化大，水量、水质不稳定，易污染。通常只能作为小型、临时性水源。

潜水是埋藏于地下第一隔水层以上，具有自由表面的重力水。它上面没有隔水顶板，可通过透水层与地表相连，其自由表面为潜水面。它的特点是靠近地表，分布与补给区基本一致，主要靠大气降水补给，水量变化大且不稳定；与地表水的联系密切；水质差、较易污染。

承压水是充满于两个稳定隔水层之间的重力水。它不能直接从地表得到补给，补给区和开采区往往距离较远，地表和大气的各种因素对承压水影响较小，所以不易受到污染。承压水由于在地下长时间、长距离的渗透，含水层会对水有一定的过滤作用，所以水质较好。承压水适宜作为供水水源，水量较稳定，卫生防护条件也较好。

由于地下水类型、埋藏条件、含水层性质等各不相同，地下水的取水方法和取水构筑物形式也各不相同，地下水取水构筑物有管井、大口井、渗渠、复合井和辐射井等类型。

2. 管井

管井俗称机井，是地下水构筑物中应用最广泛的一种，适用于任何岩性与地层结构，按其过滤器是否贯穿整个含水层，分为完整井和非完整井。管井常由井室、井壁管、过滤器及沉淀管构成。

井室位于最上部，用于保护井口，保护含水层免受污染，安装抽水设备，进行维护管理。根据井室的深度，深井泵站的井室有地上式、半地下式和地下式三种。

井管是为了保护井壁不受冲刷，防止不稳定岩层塌陷，隔绝水质不良的含水层。

过滤器位于含水层中，两端与井管相连，是井管的进水部分，同时对含水层起到保护作用，杜绝大的沙粒进入井管。

沉淀管位于井管的最下端，它的作用是防止沉沙堵塞过滤器，也是沉积涌入井管的细小沙粒的场所，直径与过滤器一致，长度常为 2~10 m。

管井的口径一般为 150~1000 mm，深度为 10~1000 m，通常所见的管井直径多为 500 mm 左右，深度一般小于 200 m。由于便于施工，管井广泛用于各种类型的含水层，但一般多用于开采深层地下水。在地下水埋深大、厚度大于 5 m 的含水层中可用管井有效地抽取地下水，单井出水量常在 500~6000 m³/d。

在规模较大的地下水取水工程中经常需要建造由很多井组成的取水系统，这被称为"井群"。根据取水方式，井群系统可分为自流井井群、虹吸式井群、卧式泵取水井群、深井泵井群。井群中各井之间存在相互影响，导致在水位下降值不变的条件下，共同工作时各井出水量小于各井单独工作时的出水量；在出水量不变的条件下，共同工作时各井的水位下降值大于各井单独工作时的水位下降值。在井群取水设计时应考虑这种互相干扰。

3. 大口井

大口井因其井径大而得名，一般直径可达 3~8 m，是开采浅层地下水最合适的取水构筑物类型。大口井具有构造简单、取材容易、使用年限长及容积大，能起到调蓄水量作用等优点，但同时也受到施工困难和基建费用高等条件的限制。所以，大口井多限于开采埋深小于 30 m、厚度小于 5~10 m 的含水层。我国大口井的直径一般为 4~8 m，井深一般在 12 m 以内，单井的出水量可达 10 000 m³/d。大口井有完整和非完整井之分。

大口井多采用不完整井形式，虽然施工条件较困难，但可以从井筒和井底同时进水，以扩大进水面积，且当井筒进水孔被堵后，仍可保证一定的进水量。完整井只能从井壁进水，故非完整式大口井的水力条件比完整式大口井好，适合开采较厚的含水层。

大口井主要由井室、井筒和进水部分组成。

井室的构造主要取决于地下水位的埋深和抽水设备的类型，一般分为半埋式和地面式，如井内不安装设备也可不设井室，井室应注意卫生防护。

井筒一般用混凝土或砖、石等砌筑，用来加固井壁、防止井壁坍塌及隔离水质不良的含水层。

进水部分包括井壁进水孔（或透水井壁）和井底反滤层。

4. 渗渠

由于是水平铺设在含水层中，所以渗渠也被称为"水平式取水构筑物"。受施工条件的限制，其埋深很少超过 10 m。

渗渠通常由水平集水管、集水井、检查井和泵站组成。

设置检查井的目的是便于检修、清通，集水管端部、转角、变径处及每 50～150 m 均应设检查井。

渗渠的优点：既可集取浅层地下水，又可集取河床地下水或地表渗透水。渗渠水经过地层的渗滤作用，悬浮物和细菌含量少，硬度和矿化度低，兼有地表水和地下水的优点，渗渠可以满足北方山区季节性河段全年取水的要求。其缺点是：施工条件复杂、造价高、易淤塞，应用上受到限制。出水量一般为 10～30 m³／（d·m），最大达 50～100 m³／（d·m）。

5. 复合井和辐射井

复合井是由非完整式大口井和井底设置的管井过滤器组成。它是一个由大口井和管井组成的分层或分段取水系统。适用于地下水位较高、厚度较大的含水层，能充分利用含水层的厚度，增加井的出水量。

辐射井是由大口井与若干沿井壁向外呈辐射状铺设的集水管（辐射管）组合而成。通常又分为非完整式大口井与水平集水管的组合和完整式大口井与水平集水管的组合。由于扩大了进水面积，其单井出水量位于其他各类地下水取水构筑物之首。高产的辐射井日产水量最高可达 10 万 m³。

三、水资源的保护与管理

对水资源的有效保护与科学管理，是实现水资源可持续利用的基础。对水资源进行有效保护和科学管理，可避免水资源遭受污染，以及用水浪费、管理不善，开采不当现象发生，确保水资源的可持续利用。

（一）水资源保护

水资源保护是对水资源量与质的保护，包括防止水流堵塞、水源枯竭、水土流失、水体污染，以及为此而采取的各种方法和手段。就是通过行政的、法律的、经济的手段，合理开发、管理和利用水资源。一方面是对水量的合理取用及对其补给源的保护，包括对水资源开发利用的统筹规划、涵养及保护水源、科学合理用水、节约用水、提高用水效率等；另一方面是对水质的保护，包括制定有关法规和标准、进行水质调查、监测和评价、制订水质规划、治理污染源等。

1. 水资源保护的目标和措施

水资源保护的目标是在水量方面要做到对地表水资源不因过量引水而引起下游地区生

态环境的变化；对地下水源不会引起地下水位的持续下降而引起环境恶化和地面沉降。在水质方面要消除和截断污染源，保障饮水水源及其他用水的水质，防止风景游览区和生活区水体的污染和富营养化，要维持地表水体和地下水含水层的水质都能达到国家规定的相关标准。

要达到上述目标，可采用的措施有：

①加强对水资源的监测和评价。通过对定点河段有关水量和水质变化的监测和评价，能及时掌握水环境质量的现状和时空变化规律，必将为水资源的合理开发利用和有效保护奠定基础。

②加强水资源保护立法，实现水资源的统一管理。使我国的水资源管理与保护有法可依，使水资源保护与管理走上法治化的轨道。

③节约用水，提高水的重复利用率。我国工业、农业和生活用水具有巨大的节水潜力，有效地节约用水和提高水的重复利用率是克服我国水资源短缺的重要措施。

④综合开发地下水和地表水资源。只有综合开发地表水和地下水，实现联合调度，才能合理而充分地利用水资源。

⑤加强对地下水资源的人工补给。地下水资源的人工补给是将地表水采用自流或压力注入的方式注入地下含水层，以便增加地下水的补给量，达到调节控制和改造地下水体的目的。该措施能有效地防止和控制地下水位下降；防止海水或潜水入侵；能处理地面径流，排泄洪水；还能利用地层的自净能力，处理工业废水。

⑥建立有效的水资源保护区。我国应建立有效的、不同规模、不同类型的水资源保护区，采取切实可行的法律与技术措施，防止水土流失、水质恶化、水源的污染。

⑦强化水体污染的控制和管理。实行排污总量的控制，保护水环境质量。

⑧实施流域水资源的统一管理。这是一项庞大的工程，只有对流域、区域和局部的水质、水量进行综合控制、综合协调和整治才能得到满意的效果。

2. 水污染的控制与治理

在现阶段我国水资源保护工作中，水污染控制和治理具有特别重要的意义。所谓"水污染"是指水体因某种物质介入而导致其化学、物理、生物或者放射性等方面特性的改变，从而影响水的有效利用，危害人体健康或者破坏生态环境，造成水质恶化的现象。造成水的污染有自然原因和人为原因，人为原因是主要的。人为污染是人类生活和生产活动中产生的废物对水的污染。这些废物包括生活污水、工业废水、农田排水和矿山排水。此外，废渣和垃圾倾倒在水中和岸边，废气排放至大气中，这些废物经降雨淋洗后流入水体也会造成污染。近年来，我国在经济高速发展的同时，强调了环境保护和经济建设的协调发展，增加了对环境保护的投入，使环境质量有所改善。但各项污染物的排放总量仍很大，污染程度仍处于相当高的水平。从水污染的状况看，主要河流受有机物污染的情况很普遍。因此，水污染的有效控制和科学治理是水资源保护工作的重点。

水污染控制与治理的基本目标在于保护人民的生活和健康状态不致受到以水为媒介的疾病的影响，保持生态系统的完整不受破坏，保证水资源能持久的利用。

目前主要的水污染防治措施有以下四方面：

①加强水质的监测、评价与预测工作，及时掌握水质状况，及时掌握水资源状况，为科学利用和有效保护提供第一手资料。

②提高工农业用水的效率，积极推行清洁生产，大力发展循环利用和重复利用，减少废水的排放量。

③制定水污染防治的法规和标准，依照经济规律，加强领导和管理，依法治污，特别是要继续加强对工业污染源的治理，同时也要加快城市污水处理厂的建设，采取集中处理方式，解决污染危害。

④积极开展流域水污染的治理工作，包括点源治理、面源治理（农田退水与水产养殖等）和内源污染（底泥沉积物）治理。

（二）水资源管理

水资源管理主要是指对水资源开发、利用和保护所实施的组织、协调、监督和调度工作。它是有关行政管理部门的重要管理内容，涉及水资源的有效利用、合理分配、资源保护、优化调度及相关水工程的合理布局、协调及统筹安排等。目的在于通过实施水资源管理，做到科学、合理地开发利用水资源，支持社会经济发展，改善自然生态环境，达到水资源开发、社会经济发展及自然生态环境保护的目标。

1. 水资源管理的内容

（1）水权的管理

水权是指水资源的产权，它是水的所有权、使用权及与水的开发利用有关的各种用水权利的总称，主要表现为水资源的所有权和使用权。它是调节个人之间、地区之间、国家之间使用水资源及相邻资源的一种权益界定。

（2）水资源合理配置管理

水资源配置的好坏，关系到水资源开发利用的效益、公平原则和资源、环境可持续利用能力的强弱。根据我国的国情和水资源特性，配置好我国的水资源，使之得到高效利用，取得最大的社会效益。

（3）水资源政策管理

水资源政策管理是为实现可持续发展战略下的水资源持续利用而制定和实施的方针政策方面的管理，如水法、水权、资源配置、综合开发、利用、保护等的政策管理。

（4）水资源开发利用与水环境保护管理

这里包括地表水的开发、治理与利用，地下水开采、补给和利用；用水质量、水生态系统及河湖沿岸生态系统的保护管理等。

（5）水资源信息与技术管理

水资源规划与管理离不开自然和社会的基本资料与系统的信息供给，因此，加强水文观测、水质监测、水情预报、工程前期的调查、勘测和运行管理中的跟踪监测等，是水资源开发、利用、保护管理的基础。

（6）水资源组织与协调管理

除了要加强国家对水资源的管理外，还要完善和健全以河流流域为单元的流域机构的水资源统一管理体制，明确界定各级政府部门的管理范围、责权利和合作关系，增强协调和监督的机制和作用。

2. 水资源管理的措施

（1）行政措施

要建立和健全水资源管理的行政机构，编制区域、流域、水源各种水资源保护和利用的规划，统筹安排水资源的合理分配；监督管辖区内的各种水污染，按污染物排放总量的要求，落实污染治理措施，实现污染物达标排放；通过宣传、教育唤起全社会的水忧患意识，推动全民参与。

（2）法律措施

制定国家、地区、流域的水资源保护法规、政策和标准，使水资源的管理有法可依；健全相应的执法机构和人员，保证法律措施的顺利执行。

（3）经济措施

根据社会发展，制定相应的水资源利用费、排污费等，调动全社会节水、保护水资源的积极性。

（4）技术措施

建立和完善水资源监测系统，进行水量水情的长期监测，实行排污监督；大力建设废水处理系统，发展高效、经济的处理技术，减少污染物的排放；建立废水资源化利用系统，通过处理，实现回用或一水多用，把废水作为水资源的重要组成部分。

第二章
建筑室内给水系统与施工技术

第一节　建筑室内给水系统

一、建筑室内给水系统的分类与组成

（一）室内给水系统的分类

室内给水系统按其供水对象可分为生活给水系统、生产给水系统、消防给水系统及组合给水系统。

1. 生活给水系统

满足人们饮用、烹调、盥洗、洗涤、沐浴等生活用水的室内给水系统，称为生活给水系统。生活给水系统要求水质必须严格符合国家规定的生活饮用水水质标准。

2. 生产给水系统

满足生产过程中所需要的设备冷却水、原料和产品的洗涤水、锅炉用水及一些工业原料（如酿酒）用水的室内给水系统，称为生产给水系统。生产给水系统必须满足生产工艺对水质、水量、水压及安全方面的要求。

3. 消防给水系统

满足一切工业与民用建筑消防设备用水的室内给水系统，称为消防给水系统。消防给水系统对水质要求不高，但必须按建筑设计防火规范要求，保证供应足够的水量和水压。

4. 组合给水系统

上述三种给水系统，在实际工程中可以单独设置，也可根据建筑物内用水设备对水

质、水压、水温的要求及室外给水系统的情况，经技术、经济和供水安全条件等综合比较，设置成组合各异的共用系统。如生活、生产给水系统，生产、消防给水系统，生活、消防给水系统，生活、生产、消防给水系统等。

（二）室内给水系统的组成

1. 水源：指城镇给水管网、室外给水管网或自备水源。

2. 引入管：指由室外给水管网引入建筑内水管网的那一段管段。

3. 水表节点：安装在引入管上的水表及其前后设置的阀门和泄水装置的总称，用以计量单幢建筑的总用水量。水表前后的阀门用以水表检修、拆换时关闭管路之用。泄水口主要用于室内管道系统检修时放空，也可用来检测水表精度和测定管道进户时的水压值。

4. 给水管网：给水管网指的是建筑内水平干管、立管和支管。

5. 配水装置与附件：配水龙头、消火栓、喷头与各类阀门（控制阀、减压阀、止回阀等）。

6. 增压和贮水设备：当室外给水管网的水量、水压不能满足建筑用水要求时，需要设置的各种设备，主要有水泵、气压给水装置、变频调速给水装置、水池、水箱等增压和贮水设备。

7. 给水局部处理设施：当建筑对给水水质要求超出我国现行生活饮用水卫生标准时，或其他原因造成水质不能满足要求时，就需要设置一些设备、构筑物进行给水深度处理。这些设备、构筑物就是给水局部处理设施。

二、室内给水系统所需供水压力

建筑给水系统的供水压力，必须保证建筑物内最不利用水点（一般情况为建筑内最高、最远用水点）的用水要求。

其计算公式如下：

$$H = H_1 + H_2 + H_3 + H_4 \qquad (2-1)$$

式中，H 为建筑给水管网所需水压，kPa；H_1 为引入管至最不利点之间的净压差，kPa；H_2 为引入管起点至配水最不利点的给水管路，即计算管路的压力损失，kPa；H_3 为水流通过水表时的压力损失，kPa；H_4 为配水最不利点所需的流出水头，kPa。

流出水头是指各种卫生器具配水龙头或用水设备处，为获得规定的出水量（额定流量）所需的最小压力。

在进行方案的初步设计时，对层高不超过 3.5 m 的民用建筑，给水系统所需的水压可根据建筑物层数估算（自室外地面算起）其最小水压值：一层为 100 kPa；二层为

120 kPa；三层及三层以上每增加一层，水压增加 40 kPa。

室内给水系统所需水压值为 H，室外配水管网接入点水压为 H_0，则有以下三种情况：

1. 当 $H_0 \geq H$ 时，即室外配水管网压力满足室内给水所需压力，可直接由室外管网供水。

2. 当 $H_0 > H$ 时，即室外管网压力大大有余，此时应通过减小一些管段的直径来达到 $H_0 > H$，可以省管材，降低投资费用。

3. 当 $H_0 < H$ 时，即配水管网供水压力不足，如相差不多，可通过调整一些管段的管径来减少水头损失，降低 H_2，使 H 减小，达到 $H_0 \geq H$；否则须设增压设施。

三、建筑给水系统的给水方式

建筑给水系统的给水方式是指建筑内给水系统的具体组成与具体布置的实施方案。建筑给水系统的给水方式的选择，必须依据用户对水质、水量和水压的要求，室外管网所能提供的水质、水量和水压情况，卫生器具及消防设备在建筑物内的分布，以及用户对供水安全可靠性的要求等条件来确定。现将常用的给水方式的基本类型介绍如下：

（一）直接给水方式

当室外给水管网的水量、水压在任何时候都能满足室内给水管网的要求时，可采用直接给水方式，这种给水方式无需任何加压设备和储水设备，投资少，施工维修方便。

（二）单设水箱的给水方式

当室外给水管网的水质、水量能满足室内管网的要求但水压间断不足时，可采用设有水箱的给水方式。该方式在用水低峰时，利用室外给水管网水压直接供水并向水箱进水。高峰用水时，水箱出水供给给水系统，从而达到调节水压和水量的目的；但由于水在水箱中的滞留，存在二次污染的可能。

（三）设置贮水池、水泵和水箱的给水方式

当建筑的用水可靠性要求高，室外管网水量、水压经常不足，且不允许直接从外网抽水，或者是外网不能保证建筑的高峰用水，且用水量较大，或是要求储备一定容积的消防水量时，应采用这种给水方式。该方式的优点是由于贮水池、水箱都储存一定的水量，当停水停电时可延时供水，供水可靠，水压力稳定；缺点是水泵震动、有噪声。

（四）单设水泵和设水泵水箱的给水方式

当室外给水管网允许用水泵直接抽水时，也可以采用单设水泵或设水泵水箱的给水方

式。采用这两种给水方式有可能使外网水压力降低，影响外网上其他用户用水，严重的还可能形成外网负压，在管道接口不严密处，其周围的渗水会吸入管内，造成水质污染。因此，采用这两种方式，必须征得供水部门的同意，并在管道连接处采取必要的防护措施以防污染。

（五）分区给水方式

在多层、高层建筑物中，外网水压往往只能满足建筑物下面几层的供水压力。为了充分有效地利用室外管网的水压，常将建筑物分成上下两个或多个供水区。下区利用城市管网直接供水，上区则由贮水池、水泵、水箱联合供水。两区间可由一根或几根立管连通，在分区处装设阀门，必要时可使整个管网全由水箱供水或由室外管网直接向水箱充水。这种给水方式对建筑物低层设有洗衣房、浴室、大型餐饮业等用水量较大的建筑物尤有经济意义。

（六）设气压给水设备、变频调速给水设备的给水方式

当室外管网压力低于或经常不能满足室内所需水压，室内用水不均匀，且建筑物不宜设置高位水箱时，可采用气压给水设备给水方式。这种给水方式即在给水系统中设置气压给水设备，利用该设备气压水罐内气体的可压缩性，协同水泵共同增压供水。气压水罐的作用等同于高位水箱，但其位置可根据需要较灵活地设在高处或低处。

当室外供水管网水压经常不足、建筑内用水量较大且不均匀、要求可靠性较高、水压恒定时，或者建筑物顶部不宜设高位水箱时，可以采用变频调速给水设备进行供水。这种给水方式可省去屋顶水箱，水泵效率较高，但一次性投资较大。

（七）高层建筑给水方式

以上介绍的六种给水方式是最基本的给水方式，高层建筑给水方式就是用上述最基本的给水方式采取组合、并联、接力等方法而形成的。

1. 分区的原因

①不分区水压过高，打开水龙头会水花四溅，使用不便。

②不分区水压过高，开关水龙头时会产生水锤现象。由于水压波动，造成管道震动产生噪声，进而引起管道松动漏水，甚至损坏。

③不分区水压过高，使水龙头、阀门等容易磨损，缩短使用寿命，增加维修工作量。一般来说，最不利卫生器具配水点处的静水压力不宜大于 0.45 MPa，且最大不得大于

0.55 MPa。

2. 分区原则

我国现行《建筑给水排水设计规范》（以下简称《规范》）规定：

①常用的住宅、旅馆、医院等，其最低卫生器具的静水压力为 0.3~0.35 MPa。

②常用的办公楼、商业楼、教学楼等宜为 0.35~0.45 MPa。

③高层建筑生活给水系统的竖向分区，应根据使用要求、设备材料性能、维护管理条件、建筑高度等综合因素合理确定。一般最低卫生器具配水点处的静水压力不宜大于 0.45 MPa，且最大不得大于 0.55 MPa。

3. 目前我国高层建筑常用的给水方式

（1）并联给水方式（并联水泵水箱给水方式、并联气压给水设备给水方式）

并联水泵水箱给水方式是每一分区分别设置一套独立的水泵和高位水箱向各区供水。其水泵一般集中设置在建筑的地下室或底层。

这种方式的优点是各区自成一体，互不影响；水泵集中，管理维护方便；运行动力费用较低。缺点是水泵数量多，耗用管材较多，设备费用偏高；分区水箱占用楼房空间多；有高压水泵和高压管道。

（2）串联给水方式

串联给水方式是水泵分散设置在各区的楼层之中，下一区的高位水箱兼作上一区的贮水池。

这种方式的优点是无高压水泵和高压管道；运行动力费用经济。其缺点是水泵分散设置，连同水箱所占楼房的平面空间较大；水泵设在楼层，对防震、隔音要求高，且管理维护不方便；若下部发生故障，将影响上部的供水。

（3）减压给水方式（减压水箱给水方式、减压阀给水方式）

减压水箱给水方式是由设置在底层（或地下室）的水泵将整幢建筑的用水量提升至屋顶水箱，然后分送至各分区水箱，分区水箱起到减压的作用。

这种方式的优点是水泵数量少，水泵房面积小，设备费用低，管理维护简单；各分区减压水箱容积小。其缺点是水泵运行动力费用高；屋顶水箱容积大；建筑物高度大、分区较多时，下区减压水箱中浮球阀承压过大，易造成关闭不严的现象；上部某些管道部位发生故障时，将影响下部的供水。

减压阀给水方式的工作原理与减压水箱给水方式相同，不同之处是用减压阀代替减压水箱。

四、管道附件及设备

管道附件分为配水附件和控制附件两类。它在系统中起调节水量、水压，控制水流方向和关断水流等作用。

（一）配水附件

配水附件的作用是开启、关闭水流和部分调节水流量。

1. 普通水龙头

截止阀式配水龙头，一般安装在洗涤盆、污水盆、盥洗槽上。该龙头阻力较大，其橡胶衬垫容易磨损而漏水。铸铁式该种水龙头属逐步淘汰队列。瓷片式配水龙头，采用陶瓷片阀芯代替橡胶衬垫，解决了普通水龙头的漏水问题，是铸铁式配水龙头的替代产品。

旋塞式配水龙头，该龙头旋转 90° 即完全开启，可在短时间内获得较大流量，阻力也较小；缺点是易产生水击，适用于用水量较大的浴池、洗衣房、开水间等处。

2. 盥洗龙头

盥洗龙头装设在洗脸盆上用于开闭冷热水，有莲蓬头式、鸭嘴式、角式、长脖式等多种形式。

3. 混合龙头

混合龙头以冷热水调节为目的，供盥洗、洗涤、沐浴等使用。该类产品式样繁多，质量、价格悬殊较大。

（二）控制附件

控制附件是指系统中的各种阀门，主要用于管道中的流量调节、开闭水流和控制水流方向等。

室内给水工程中常用的阀门如下：

1. 截止阀

截止阀是最常用的阀门之一，一般用于 DN≤50 mm 的管道上。它具有方向性，因此，安装时应使阀门上的"箭头"与管道水流方向一致，即"低进高出"。截止阀结构简单，密封性能好，检修方便；但水流通过时，阻力较大。

2. 闸阀

闸阀又称"水门"，属全开全闭型阀门，应尽量不作调节流量之用。这是最常用的阀门之一，一般用于 DN≥70 mm 的管道上。闸阀流体阻力小，安装没有方向性的要求，但闸板易擦伤而影响密封性能，还易被杂质卡住造成开闭困难。

3. 止回阀

止回阀又称单向阀、逆止阀，用来阻止水流的逆向流动。如用于水泵出口的压水管路上，防止停泵时水倒流造成对水泵、电机的损害。常用的止回阀主要有升降式和旋启式两种类型。前者水流阻力较大，宜用于小管径的水平管道上；后者在水平、垂直管道上均可设置，它启闭迅速，但易引起水击，不宜在压力大的管道系统中采用。

4. 浮球阀

浮球阀是一种用以自动控制水池、水箱水位的阀门，防止溢流浪费的设备。其缺点是体积较大，阀芯易卡住引起关闭不严而溢水。与浮球阀功用相同的还有液压水位控制阀，它克服了浮球阀的弊端，是浮球阀的升级换代产品。

5. 减压阀

减压阀的作用是降低水流压力。在中高层建筑中使用它，可以简化给水系统，减少水泵数量或减压水箱，可增加建筑的使用面积，降低投资，防止水质的二次污染。常用的有弹簧式减压阀和活塞式减压阀（也称比例式减压阀）。

减压阀选用注意事项：

①蒸汽减压阀的阀前与阀后压力之比不应超过 5~7，超过时应串联安装两个。

②如阀后蒸汽压力较小，通常宜采用两级减压，以减少噪声和震动。

③活塞式减压阀的阀后压力不应小于 100 kPa，如必须减至 70 kPa 以下时，应在活塞式减压阀后增设波纹管式减压阀或截止阀进行两次减压。

④当阀前与阀后的压差值为 100~200 kPa 时，可串联安装两个截止阀进行减压。

⑤减压阀产品样本中列出的阀孔面积值，一般指其最大截面积，实际流通面积将小于此值，故按计算（或查表）得出的阀孔面积选用减压阀时，应适当留有余地。

⑥选用蒸汽或压空减压阀时，除注明其型号、规格外，还应注明阀前后压差值及安全阀的开启压力，以便厂家合理配备弹簧。

（三）水表

水表是一种计量建筑物用水量的仪表。室内给水系统中广泛采用流速式水表。流速式水表是根据管径一定时，通过水表的水流速度与流量成正比的原理来测量的。水流通过水表时推动翼轮旋转，翼轮轴传动一系列联动齿轮（减速装置），再传递到记录装置，在刻度盘指针指示下便可读到流量的累积值。

流速式水表按叶轮构造不同，分为旋翼式和螺翼式。旋翼式的翼轮转轴与水流方向垂直，水流阻力较大，多为小口径水表，宜用于测量小的流量。螺翼式的翼轮转轴与水流方向平行，阻力较小，适用于测量大流量，为大口径水表。复式水表是旋翼式和螺翼式的组合形式，在流量变化很大时采用。流速式水表按计数机件所处的状态又分为干式和湿式两种。

水表的特性参数如下：

①流通能力：水流通过水表产生 10 kPa 水头损失时的流量。

②特性流量：水表中产生 100 kPa 水头损失时的流量值。

③最大流量：只允许水表在短时间内承受的上限流量值。

④额定流量：水表可以长时间正常运转的上限流量值。

⑤最小流量：水表能够开始准确指示的流量值，是水表正常运转的下限值。

⑥灵敏度：水表能够开始连续指示的流量值。

确定水表类型应当考虑的因素有水温、工作压力、水量大小及其变化幅度、计量范围、管径、工作时间、单向或正逆向流动、水质等。一般管径<50 mm 时，应采用旋翼式水表；管径>50 mm 时，应采用螺翼式水表；当流量变化幅度很大时，应采用复式水表；计量热水时，宜采用热水水表；一般情况下，应优先采用湿式水表。

（四）水泵

水泵是给水工程中最主要的增压设备，一般采用离心泵。离心泵具有结构简单、体积小、效率高、运转平稳等优点，故在建筑设备工程中得到广泛应用。离心泵装置上要由泵壳、泵轴、叶轮、吸水管、压水管等部分组成。

1. 离心泵的工作过程

首先从加水漏斗处向水泵内充满水，启动水泵叶轮高速转动，在离心力的作用下，叶片槽道中的水从叶轮中心被甩向泵壳，使水获得动能。由于泵壳的断面是逐渐扩大的，所以水进入泵壳后流速逐渐减小，部分动能转化为压能，因而泵出口处的水便具有较高的压力，流入压水管路。在水被甩走的同时，水泵中心及进口处形成真空，由于大气压力的作用，将吸水池中的水通过吸水管压向水泵进口，进而流入泵体。由于电动机带动叶轮连续地运转，即可不断地将水压送到各用水点或高位水箱。

2. 水泵流量和扬程的确定

水泵流量和扬程的确定最关键的是，在节能的前提下，确保水量和压力满足用户的需要，并使水泵大部分时间保持在水泵的高效区段运行。

（1）水泵流量的确定

在生活、生产给水系统中，当无水箱调节时，其流量均应按设计秒流量确定；当有水箱调节时，水泵流量应按最大小时流量确定；当调节水箱容积较大且用水量均匀时，水泵流量可按平均小时流量确定。消防水泵的流量应按室内消防设计水量确定。

（2）水泵扬程的确定

当水泵从贮水池吸水向室内管网输水时，其扬程由下式确定：

$$H_b \geqslant H_z + H_s + H_c \tag{2-2}$$

当水泵从贮水池吸水向室管网中的高位水箱输水时，其扬程由下式确定：

$$H_b \geqslant H_z + H_s + H_v \tag{2-3}$$

当水泵直接由室外管网吸水向室内管网输水时，其扬程由下式确定：

$$H_b \geqslant H_a + H_s + H_c + H_y - H_0 \tag{2-4}$$

式中，H_b 为水泵扬程，kPa；H_z 为水泵吸入端最低水位至室内管网中最不利点所要求的静水压，kPa；H_s 为水泵吸入口至室内最不利点的总水头损失（含水表的水头损失），kPa；H_c 为室内管网最不利点处用水设备的流出水头，kPa；H_v 为水泵出水管末端的流速水头，kPa；H_y 为水流通过水表时的水头损失，kPa；H_0 为室外给水管网所能提供的最小压力，kPa。1 MPa = 1000 kPa = 100 mH$_2$O。

3. 水泵机组的布置

①水泵机组一般设置在水泵房内，泵房要求防震、防噪声，并有良好的通风、采光、防冻和排水条件；其布置要便于起吊设备，布置间距要便于检修时拆卸和放置泵体、电机。

②每台水泵一般应设独立的吸水管，且应管顶平接；水泵装置宜设计成自控运行方式，消防泵应设计成自灌式，生活、生产水泵尽可能设计成自灌式。自灌式水泵的吸水管上应装设阀门。在不可能设计成自灌式时，水泵均应设置引水装置；每台水泵的出水管上应装设阀门、止回阀和压力表，并宜有防水击措施。

水泵正常运行对于吸水管路的基本要求是不漏气、不积气、不吸气，但在实际管路布置及施工时往往忽视了某些局部做法，导致水泵不能完全正常运行。

③水泵基础应高出地面 0.1~0.3 m；与水泵连接的管道应力求短、直，吸水管内的流速宜控制在 1.1~1.2 m/s 范围内，出水管内的流速宜控制在 1.5~2.0 m/s 范围内，且应在出水管上安装闸阀和止回阀。

④应尽量选用低噪声水泵，水泵基座下宜安装橡胶隔震垫、橡胶隔震器、橡胶减震器、弹簧减震器等隔震减震装置，参照《卧式水泵隔震及其安装》标准图集。在水泵进出

水管上宜安装凹曲挠橡胶接头。管道支架宜采用弹性吊架、弹性托架。基础隔震、管道隔震和支架隔震三者必须配齐，其中，隔震垫的面积、层数、个数和可曲挠接头的数量必须经过计算。管道穿墙或楼板处，应有防震措施，其孔口外径与管道间宜填以玻璃纤维。隔震为主、吸音为辅是水泵隔震的原则；但在有条件和必要时，建筑上可采取隔震和吸音措施。如泵房采用双层玻璃窗，门和墙面、顶棚安装多孔吸音板等。

（五）气压给水设备

气压给水设备是利用密闭贮罐内空气的可压缩性，将其设计放置在给水系统中，进行贮存、调节、压送水量和保持水压的装置，其作用相当于高位水箱或水塔。

气压给水设备一般由气压罐、水泵、空气压缩机、控制系统、管路系统等组成。

1. 气压给水设备的类型

（1）补气变压式气压给水设备

当用户允许供水压力有一定波动时，宜采用这种方式，这也是给水系统中常用的一种方式。

当罐内压力较小（如为 P_1）时，水泵向室内给水系统加压供水。水泵出水除供用户使用外，多余部分进入气压罐，罐内水位上升，空气被压缩。当压力达到较大（如为 P_2）时，水泵停止工作，用户所需的水由气压罐提供。随着罐内水量的减少，空气体积膨胀，压力逐渐降低，当压力降至 P_1 时，水泵再次启动。如此往复，实现供水目的。

（2）补气定压式气压给水设备

在用户要求水压稳定时，可在变压式气压给水装置的供水管上安装压力调节阀。调节后，水压维持在要求范围内，使管网在恒压下工作。

上述两种补气装置的进气口均应设空气过滤装置，以防水质污染。

（3）隔膜式气压给水设备

隔膜式气压给水设备是在气压水罐中设置胶质弹性隔膜，将气水分离，既使气体不会溶于水中，又使水质不易被污染，补气装置也就不需设置，从而减少了机房面积，节约了基建投资。

2. 气压给水设备的计算

气压水罐总容积的计算公式如下：

$$V = \frac{\beta V_x}{1 - \alpha_b} \tag{2-5}$$

$$V_x = \frac{C q_b}{4n} \tag{2-6}$$

式中，V 为实际采用的气压水罐总容积，m^3。V_x 为实际采用的气压罐调节容积 m^3。q_b 为平均工作压力时，配套水泵的计算流量，其值不应小于管网最大小时流量的 1.2 倍；当由几台水泵并联运行时，为最大一台水泵的流量，m^3/h。n 为水泵 1 小时内最大启动次数，一般采用 6～8 次。α_b 为工作压力比，即罐内最低与最高工作压力之比，宜采用 0.65～0.85，有特殊要求时，也可在 0.5～0.9 范围内选用。β 为容积附加系数，补气式卧式水罐宜采用 1.25，补气式立式水罐宜采用 1.10，隔膜式气压水罐宜采用 1.05。C 为安全系数，宜采用 1.5～2.0。

（六）贮水池

贮水池是贮存和调节水量的构筑物，其容积与水源供水能力、生活（生产）调节水量、消防贮水量和生产事故备用水量有关，可按下列公式计算：

$$V = (Q_b - Q_b) T_b + V_x + V_s \tag{2-7}$$

$$Q_g T_t \geqslant (Q_b - Q_g) T_b \tag{2-8}$$

式中，V 为贮水池原有容积，m^3；Q_b 为水泵出水量，m^3/h；Q_g 为水源的供水能力，m^3/h；T_b 为水泵最长连续运行时间，h；T_t 为水泵运行的间隔时间，h；V_x 为消防贮水量，m^3（应根据消防要求，以火灾延续时间内所需消防用水量计）；V_s 为生产事故备用水量，m^3（应根据用户安全供水要求、中断供水的后果和城市给水管网停水可能性等因素确定）。

当资料不足时，贮水池调节容积（$Q_b - Q_g$）宜按不小于建筑物最高日用水量的 10% 确定。

贮水池可布置在室内地下室或室外泵房附近，但必须远离化粪池、厕所、厨房等卫生环境不良的房间，且应有防污染的技术措施；消防用水与生活、生产用水合用一个贮水池时，应有保证消防贮水不被动用的措施；昼夜用水的建筑物贮水池和贮水池容积大于500 m^3 时，应分成两格，以便清洗、检修。建筑物内的生活用贮水池应采用独立结构形式，且要满足不得利用建筑物的本体结构作为水池（箱）的壁板、底板及顶盖。

贮水池进出水管设计应使水池内水经常流动，无死水区；溢流管宜比进水管大一号；贮水池的设置高度应有利于水泵自吸；贮水池还应设置放空管、人孔、通气管和水位信号装置，但必须保证避免污物、飞虫、小动物进入池内，造成水质污染。

（七）吸水井

当不需要设置贮水池而室外管网又不允许直接抽水时，宜设置吸水井。吸水井的容积应大于最大一台水泵三分钟的出水量。吸水井可设在室内底层或地下室，也可设在室外地下或地上，对于生活用吸水井，应有防污染的措施。

（八）水箱

水箱按用途分为高位水箱、减压水箱、冲洗水箱、断流水箱等多种类型，每种又有圆形、矩形两种。水箱按材质分为钢筋混凝土、钢板、不锈钢、玻璃钢和塑料等多种材质水箱。这里主要介绍常用的高位水箱。

1. 水箱的配管与附件

进水管：进水管一般由水箱侧壁接入。当水箱直接利用室外管网压力进水时，进水管出口应装设液压水位控制阀或浮球阀，进水管上还应装设检修用的阀门。当管径 250 mm 时，液压水位控制阀（或浮球阀）不少于两个。从侧壁进入的进水管其中心距箱顶应有 150~200 mm 的距离。当水箱由水泵供水，并利用水位升降自动控制水泵运行时，不应装设液压水位控制阀或浮球阀。进水管的管径可按水泵出水量或管网设计秒流量确定。

出水管：出水管可从侧壁或底部接出，出水管内底或管口应高出水箱内底 50 mm 以上；出水管不宜与进水管在同一侧面；水箱进出水管宜分别设置；如合用一根管道，则应在出水管上装设阻力较小的旋启式止回阀，止回阀的标高应低于水箱最低水位 1.0 m 以下；消防和生活合用的水箱除了确保具有消防贮备水量不作他用的技术措施外，还应尽量避免产生死水区。出水管管径应按设计秒流量确定。

溢流管：水箱溢流管可从水箱底部或侧壁接出，溢流管的进水口应高出水箱最高水位 20~30 mm，溢流管上不允许设置阀门，溢流管出口应设网罩，管径应比进水管大一级。

泄水管：也叫放空管，主要是为了检修、清洗水箱之用。泄水管应自底部接出，管上应装设闸阀，其出口可与溢水管相接，但不得与排水系统直接相连，其管径为 40~50 mm。

水位信号装置：该装置是反映水位控制阀失灵报警的装置。可在溢流管口下 10 mm 设信号管，一般自水箱侧壁接出，常用管径为 15~20mm，其出口接至经常有人值班的房间内的洗涤盆上。

通气管：供生活饮用贮水的水箱，当贮量较大时，宜在箱盖上设通气管，以便箱内空气流通。其管径一般大于 50 mm，管口应朝下并设网罩。

人孔：为便于清洗、检修，箱盖上应设人孔。

2. 水箱容积

水箱容积应根据水箱进出水量变化曲线确定，但此曲线资料获取很难，一般按经验估算。对于生活用水的调节水量，如水泵自动运行时，可按最高日用水量的 5%~10%计算，如水泵为人工操作时，可按最高日用水量的 12%计算；单设水箱的给水方式，生活用水的调节水量可按最高日用水量的 50%~100%（最高日用水量小的建筑物）或 25%~30%计算

（最高日用水量大的建筑物）；生产事故备用水量应按工艺要求确定；当生活和生产调节水箱兼作消防用水贮备时，水箱的有效容积除包括生活或生产调节水量外，还应包括10分钟的室内消防设计流量（这部分水量平时不能动用）。

水箱内的有效水深一般采用0.70~2.50 m。水箱的保护高度一般为200 mm。

3. 水箱的设置高度

水箱底距地面宜有不小于800 mm的净空高度，以便安装管道和进行检修。水箱的设置高度具体可由下式计算：

$$H \geq H_s + H_c \tag{2-9}$$

式中，H 为水箱最低水位至配水最不利点位置高度所需的静水压，kPa；H_s 为水箱出口至最不利点管路的总水头损失，kPa；H_c 为最不利点用水设备的流出水头，kPa。

贮备消防水量的水箱，当满足消防设备所需压力有困难时，应采取设置增压泵等措施。

4. 金属水箱的安装

用槽钢梁或钢筋混凝土支墩支承。为防止水箱底与支承的接触面腐蚀，要在它们之间垫以石棉橡胶板、橡胶板或塑料板等绝缘材料。水箱底距地面宜有不小于800 mm的净空高度，以便安装管道和进行检修。

五、室内给水设计流量及管网水力计算

（一）给水设计流量

建筑内用水包括生活、生产和消防用水三部分。用户对给水的要求分为水质、水量和水压三方面。

1. 建筑内用水情况和用水定额

（1）生活用水

生活用水是指饮用、烹饪、洗涤、清洁卫生用水。它包括居住建筑和公共建筑用水，以及工业企业职工在厂内的生活饮用水和淋浴用水等。生活饮用水的水质应符合现行的国家标准《生活饮用水卫生标准》（GB 5749—2006）的要求，当采用生活杂用水作为大便器和小便器的冲洗用水时，其水质应符合《生活杂用水水质标准》（CJ T48—1999）的要求。

生活用水量受当地气候、建筑物使用性质、卫生器具和用水设备的完善程度、使用者的生活习惯及水价等多种因素的影响，一般是不均匀的。

对于生活用水，应根据现行的《建筑给水排水设计规范》中规定的用水定额作为依据，进行计算。

（2）生产用水

生产用水是指工业企业生产过程中使用的水，它包括用于冷却设备和产品的冷却用水、生产工艺用水及产品用水等。工业用水的水质要求相差很大，目前，我国还没有统一的工业用水标准。因此，工业用水的水质应视各自的具体情况而定。

生产用水量通常按消耗在单位产品上的水量或单位时间内消耗在生产设备上的水量计算确定。

（3）消防用水

消防用水是用来扑灭建筑物火灾用的，对其水质没有特殊的要求。建筑火灾的发生具有偶然性，因此，消防用水量应视火灾情形、建筑物类别而定。

2. 室内给水设计流量

（1）最高日用水量

建筑内生活用水的最高日用水量可按下式计算：

$$Q_{\mathrm{d}} = \frac{\sum m_{\mathrm{i}} \cdot q_{\mathrm{di}}}{1000} \qquad (2\text{-}10)$$

式中，Q_{d} 为最高日用水量，$\mathrm{m^3/d}$；m_{i} 为用水单位数，人数、床位数等；q_{di} 为最高日生活用水定额，L/（人·d）、L/（床·d）。

最高日用水量一般在确定贮水池（箱）容积过程中使用。

（2）最大小时用水量

根据最高日用水量，可算出最大小时用水量：

$$Q_{\mathrm{h}} = \frac{Q_{\mathrm{d}} \cdot K_{\mathrm{h}}}{T} = Q_{\mathrm{p}} \cdot K_{\mathrm{h}} \qquad (2\text{-}11)$$

式中，Q_{h} 为最大小时用水量，$\mathrm{m^3/h}$；T 为建筑物内每天用水时间，h；Q_{p} 为最高日平均小时用水量，$\mathrm{m^3/h}$；K_{h} 为小时变化系数。

最大小时用水量一般用于确定水泵流量和高位水箱容积等。

（3）生活给水设计秒流量

为保证建筑内部用水，生活给水管道的设计流量应为建筑内部生活给水管网中最大短时流量（卫生器具按最不利情况组合出流时的最大瞬时流量），又称为设计秒流量。它是确定各管段管径、计算管路水头损失，进而确定给水系统所需压力的主要依据。

卫生器具的给水当量：将一个直径为 15 mm 的配水龙头的额定流量 0.2 L/s 作为一个当量，其他卫生器具的给水额定流量与它的比值，即为该卫生器具的给水当量。

当前，我国生活给水管网设计秒流量的计算方法按建筑的性质及用水特点分为三类：

①住宅建筑设计秒流量的计算

a. 根据住宅卫生器具给水当量、使用人数、用水定额、使用时数和小时变化系数，规范给出了最大用水时卫生器具给水当量平均出流概率公式：

$$U_0 = \frac{q_d m K_h}{0.2 N_g T \cdot 3600} \tag{2-12}$$

式中，U_0 为生活给水管道的最大用水时卫生器具给水当量平均出流概率，%；q_d 为最高日生活用水定额；m 为每户用水人数；N_g 为每户设置的卫生器具给水当量数；K_h 为小时变化系数；T 为用水时数，h；0.2 为一个卫生器具给水当量的额定流量，L/s。

当某给水干管管段上有两条以上具有不同最大用水时卫生器具给水当量平均出流概率的给水支管时，则该给水干管管段的最大用水时卫生器具给水当量平均出流概率公式：

$$\bar{U}_0 = \frac{\sum U_{0i} N_{gi}}{\sum N_{gi}} \tag{2-13}$$

b. 根据计算管段上的卫生器具给水当量总数，计算该管段的卫生器具给水当量的同时出流概率：

$$U = \frac{1 + \alpha_e (N_g - 1)^{0.49}}{\sqrt{N_g}} \tag{2-14}$$

式中，U 为计算管段的卫生器具给水当量同时出流概率，%；α_e 为对应于 U_0 系数，按相关设计手册选用；N_g 为计算管段的卫生器具给水当量总数。

c. 根据计算管段上的卫生器具给水当量同时出流概率，计算得计算管段的设计秒流量：

$$q_g = 0.2 U N_g \tag{2-15}$$

式中，q_g 为计算管段的设计秒流量，L/s；当计算管段的卫生器具给水当量总数超过《建筑给水排水设计规定》中的最大值时，其设计流量应取最大时用水量。

为了快速、简便地计算，在计算出 U_0 后，可根据计算管段的 Ng 值直接查表得出给水设计秒流量（采用内插法）。

②集体宿舍、旅馆、宾馆、医院、疗养院、幼儿园、养老院、办公楼、商场、客运站、会展中心、中小学教学楼、公共厕所等建筑的生活给水设计秒流量计算公式如下：

$$q_g = 0.2 \alpha \sqrt{N_g} \tag{2-16}$$

式中，q_g 为计算管段的给水设计秒流量，L/s；N_g 为计算管段的卫生器具给水当量总数；α 为根据建筑物用途而定的系数。

采用上述公式应注意以下四点：

a. 如计算结果小于该管段上一个最大卫生器具给水额定流量时，应采用一个最大的卫生器具给水额定流量作为设计秒流量。

b. 如计算值大于该管段上按卫生器具给水额定流量累加所得流量值时，应按卫生器具给水额定流量累加所得流量值采用。

c. 有大便器延时自闭冲洗阀的给水管段，大便器延时自闭冲洗阀的给水当量均以 0.5 计，计算得到的 q_g 附加 1.10L/s 的流量后，为该管段给水设计秒流量。

d. 综合楼建筑的 α 值应按加权平均法计算。

③工业企业的生活间、公共浴室、职工食堂或营业餐厅的厨房、体育场馆运动员休息室、剧院化妆间、普通理化实验室等建筑的生活给水管道的设计秒流量计算公式如下：

$$q_g = \sum q_e N_o b \tag{2-17}$$

式中，q_g 为计算管段的给水设计秒流量，L/s；q_e 为同一类型的一个卫生器具给水额定流量，L/s；N_0 为同一类型卫生器具数；b 为卫生器具的同时给水百分数。

采用上述公式应注意以下两点：

a. 如计算值小于该管段上一个最大卫生器具给水额定流量时，应采用一个最大的卫生器具给水额定流量作为设计秒流量。

b. 大便器自闭式冲洗阀应单列计算，当单列计算值小于 1.2 L/s 时，以 1.2 L/s 计；大于 1.2 L/s 时，以计算值计。

（二）管网水力计算

室内给水管道水力计算的目的，在于确定给水管道各管段的管径，求出计算管路通过设计秒流量时各管段产生的水头损失，进而确定室内管网所需水压；复核室外给水管网水压是否满足使用要求，从而选定加压装置所需扬程和高位水箱设置高度。

1. 求定管径

在已知管段设计秒流量时，可按下式计算管径：

$$q_g = Av = \frac{\pi d^2}{4}v \tag{2-18}$$

$$d = \sqrt{\frac{4q_g}{\pi v}} \tag{2-19}$$

式中，q_g 为管段的设计秒流量，m³/s；A 为管段的过水断面积，m；v 为水流速度，m/s；d 为计算管段的管径，m。

从式（2-19）可以看出，管径和流速成反比。如流速选择过大，所得管径就小，但系统会产生噪声，易引起水击而损坏管道或附件，并增加管网的水头损失，提高建筑内给水系统所需的压力；如流速选择过小，所得管径就大，又将造成管材投资偏大。

因此，管道流速的确定要控制在一定的流速范围内（称为经济流速），使管网系统运行平稳且不浪费。

2. 管道压力（水头）损失计算

室内给水管网的压力（水头）损失包括沿程水头和局部水头损失两部分。

（1）沿程水头损失计算

$$h_y = Li \tag{2-20}$$

式中，h_y 为管段的沿程水头损失，kPa；L 为管段的长度，m；i 为管道单位长度的水头损失，kPa/m。

（2）局部水头损失计算

$$h_j = \sum \xi \frac{v^2}{2g} \tag{2-21}$$

式中，h_j 为管段中局部水头损失之和，kPa；ξ 为局部阻力系数；v 为管道部件下游的流速，m/s；g 为重力加速度，m/s²。

为了简化计算，管道的局部水头损失之和，一般可以根据经验采用沿程水头损失的百分数进行估算。不同用途的室内给水管网，其局部水头损失占沿程水头损失的百分数如下：

①生活给水管网为 25% ~ 30%。

②生产给水管网为 20%。

③消防给水管网为 10%。

④自动喷淋给水管网为 20%。

⑤生活、消防共用的给水管网为 25%。

⑥生活、生产、消防共用的给水管网为 20%。

3. 管网水力计算的方法和步骤

根据室内采用的给水方式，在建筑物管道平面布置图的基础上，绘制给水管网的轴测图，再进行水力计算。各种给水管网的水力计算方法和步骤略有差别，现就最常用的给水方式，阐述水力计算步骤和方法。

①根据轴测图选择配水最不利点，确定最不利计算管路。若在轴测图中难以判定配水最不利点，则应同时选择几条计算管路，分别计算各管路所需压力，其中最大值为建筑内给水系统所需的压力。

②以流量变化处为节点，从配水最不利点开始，进行节点编号，将计算管路划分成若

干计算管段，并标出两节点间计算管段的长度。

③根据建筑的性质合理选用设计秒流量公式，计算各管段的设计秒流量。

④根据各设计管段的设计流量和允许流速，查水力计算表确定出各管段的管径、管道单位长度的压力损失以及管段的沿程压力损失值。

⑤计算管段的沿程压力损失、局部压力损失和管路的总压力损失。系统中设有水表时，还须选用水表，并计算水表压力损失值。

⑥确定建筑物室内给水系统所需的总压力。

⑦对采用下行上给式布置的给水系统，应计算水表和管路的水头损失，求出给水系统所需压力 H，并校核初定给水方式。若初定为外网直接给水方式，当室外给水管网水压 $H_0 > H$ 时，原方案可行；H 略大于 H_0 时，可适当放大部分管段的管径，减小管道系统的水头损失，以满足 $H_0 > H$ 的条件；若 $H > H_0$ 很多，则应修正原方案，在给水系统中增设升压设备。对采用设水箱上行下给式布置的给水系统，首先应校核水箱的安装高度，若水箱高度不能满足供水要求，可采取提高水箱高度、放大管径或选用其他供水方式来解决。

⑧确定非计算管路各管段的管径。

第二节　建筑给水系统施工技术

一、室内给水管道的布置与敷设

给水管道的布置与敷设，除须满足自身要求外，还要充分了解该建筑物的建筑功能和结构情况，做好与建筑、结构、暖通及电气等专业的配合，避免管线的交叉、碰撞，以便工程施工和今后的维修管理。

（一）室内给水管道的布置

1. 给水管道的布置原则

①满足良好的水力条件，确保供水的可靠性，力求经济合理。要求干管应尽可能靠近大用水户，管道的布置应力求短而直，尽可能与墙、梁、柱、桁架平行。

②保证建筑物的使用功能和生产安全。要求管道布置不能妨碍生产安全，管道不得穿过配电间，不得布置在遇水易燃、爆、损的设备和原材料上方。

③保证给水管道的正常使用。

④便于管道的安装与维修。

2. 给水管道的布置形式

给水管道的布置按供水可靠程度要求可分为枝状和环状两种形式。前者单向供水，供水安全可靠性差，但节省管材，造价低；后者管道相互连通，双向供水，安全可靠，但管线长，造价高。一般建筑内给水管网宜采用枝状布置，高层建筑采用环状布置。按水平干管的敷设位置又可分为上行下给、下行上给和中分式三种形式。干管设在顶层天花板下、吊顶内或技术夹层中，由上向下供水的为上行下给式，适用于设置高位水箱的居住与公共建筑和地下管线较多的工业厂房；干管埋地、设在底层或地下室中，由下向上供水的为下行上给式，适用于利用室外给水管网水压直接供水的工业与民用建筑；水平干管设在中间技术层内或中间某层吊顶内，由中间向上、下两个方向供水的为中分式，适用于屋顶用作露天茶座、舞厅或设有中间技术层的高层建筑。同一幢建筑的给水管网也可同时兼有以上两种形式。

（二）给水管道的敷设

1. 敷设形式

给水管道的敷设有明装、暗装两种形式。明装即管道外露，其优点是安装维修方便，造价低；但外露的管道影响美观，表面易结露、积尘。明装一般用于对卫生、美观没有特殊要求的建筑。暗装即管道隐蔽，如敷设在管道井、技术层、管沟、墙槽、顶棚或夹壁墙中，直接埋地或埋在楼板的垫层里。其优点是管道不影响室内的美观、整洁，但施工复杂、维修困难，造价高，适用于对卫生、美观要求较高的建筑，如宾馆、高级公寓和要求无尘、洁净的车间、实验室、无菌室等。

2. 敷设要求

（1）引入管

引入管宜从建筑物用水量最大处引入，如为建筑采暖地区可考虑从采暖地沟引入。否则引入管进入建筑内有两种情况：一种是从建筑物的浅基础下通过；另一种是穿越承重墙或基础，预留洞口应大于引入管直径 200 mm。在地下水位高的地区，引入管穿地下室外墙或基础时，应采取防水措施，如设防水套管等。

室外埋地引入管要防止地面活荷载和冰冻的影响，其管顶覆土厚度不宜小于 0.7 m，并应敷设在冰冻线以下 0.2 m 处，建筑内埋地管在无活荷载和冰冻影响时，其管顶离地面高度不宜小于 0.3 m。引入管与其他进出建筑物的管线应保持一定的水平距离。

（2）室内管道

给水横管穿承重墙或基础、立管穿楼板时均应预留孔洞。暗装管道在墙中敷设时，也应预留墙槽，以免临时打洞、刨槽，影响建筑结构强度。管道预留洞和墙槽的尺寸详见相关设计手册。横管穿过预留洞时，管顶上部净空不得小于建筑物的沉降量，以保护管道不致因建筑沉降而损坏，其净空一般不小于 0.15 m。

横管宜有 0.002~0.005 的坡度坡向泄水装置；给水管道与其他管道同沟或共架敷设时，宜敷设在排水管、冷冻管的上面或热水管、蒸汽管下面。

管道在空间敷设时，必须采取固定措施，以确保施工方便与安全供水。

明装的复合管管道、塑料管管道也须安装相应的固定卡架，塑料管道的卡架相对密集一些。各种不同的管道有不同的要求，使用时，请按生产厂家的施工规程进行安装。

（三）给水管道防护

1. 防腐蚀

金属管道都要进行防腐蚀处理，以延长管道的使用寿命。常见的防腐做法是管道除锈后，在外壁涂刷防腐涂料。明装的非镀锌钢管、铸铁管除锈后，外刷防锈漆二遍、银粉漆二遍；镀锌钢管外刷银粉漆二遍；暗装和埋地金属管外刷冷底子油一遍、沥青漆二遍。对防腐要求高的金属管做沥青防腐层处理。

2. 防冻害

管道中充满了水，当明装或部分暗装的管道处在 0℃ 以下的环境中时，由于水结冰膨胀，极易冻裂管道，为保证使用安全，应当采取保温措施。一般的做法是在做好防腐处理后，再包扎岩棉、玻璃棉、矿渣棉、珍珠岩、石棉和水泥蛭石等一定厚度的保温材料做保温层，外面再做防潮层和保护层。

3. 防结露

在夏季，当空气中的湿度较大或在空气湿度较大的房间内，空气中的水分会在温度较低的管道上凝结成水，附着在管道表面，严重时会产生滴水，造成管道腐蚀、墙地面潮湿等危害。因此，在这种场所就应当采取防腐措施（具体与保温做法相同）。

4. 防噪声

给水系统中的管道、设备在使用过程中经常会产生噪声，尤其是高频噪声除产生噪声污染外，还会造成管道、设备的损坏。如关闭水龙头、停泵出现的水击现象等，都会引起管道、附件的震动而产生漏水、噪声。为防止管道的损坏和噪声的污染，在设计时应控制管道的水流速度在一定范围内，尽量减少使用电磁阀或速闭型阀门、龙头。住宅建筑进户支管阀门后，应装设一个家用可曲挠橡胶接头进行隔震，并可在管道支架、吊架内衬垫减震材料，以减小噪声的扩散。

二、建筑给水系统管道的施工安装

建筑内部给水排水管道及卫生器具的施工一般在土建主体工程完成、内外墙装饰前进行。为了保证施工质量，加快施工进度，施工前应熟悉和会审施工图纸及制订各种施工计划。要密切配合土建部门，做好预留各种孔洞、支架预埋、管道预埋等施工准备工作。

（一）施工准备与配合土建施工

1. 施工准备

建筑给排水管道工程施工的主要依据是施工图纸及全国通用给排水标准图，在施工中还必须严格执行现行国家标准《采暖与卫生工程施工及验收规范》的操作规程和质量标准。施工前必须熟悉施工图纸，由设计人员向施工技术人员进行技术交底，说明设计意图、设计内容和对施工质量的要求等。应使施工人员了解建筑结构及特点、生产工艺流程、生产工艺对给排水工程的要求，管道及设备布置要求，以及有关加工件和特殊材料等。

设计图纸包括给排水管道平面图、剖面图、给排水系统图、施工详图及节点大样图等。在熟悉图纸的过程中，必须弄清室内给排水管道与室外给排水管道连接情况，包括室外给排水管道走向、给水引入管和排水排出管的具体位置、相互关系、管道连接标高，水表井、阀门井和检查井等的具体位置，以及管道穿越建筑物基础的具体做法；弄清室内给排水管道的布置，包括管道的走向、管径、标高、坡度、位置及管道与卫生器具或生产设备的连接方式；搞清室内给排水管道所用管材、配件、支架的材料和形式，卫生器具、消防设备、加热设备、供水设备、局部污水处理设施的型号、规格、数量和施工要求；还要搞清建筑的结构、楼层标高、管井、门窗洞槽的位置等。

施工前，要根据工程特点、材料设备到货情况、劳动机具和技术状况，制定切实可行的施工组织设计，用以指导施工。

施工班组根据施工组织设计的要求，做好材料、机具以及现场临时设施及技术上的准备，必要时到现场根据施工图纸进行实地测绘，画出管道预制加工草图。管道预制加工草图一般采用轴测图形式，在图上要详细标注管道中心线间距、各管配件间的距离、管径、标高、阀门位置、设备接口位置、连接方法，同时画出墙、柱、梁等的位置。根据管道加工草图可以在管道预制场或施工现场进行预制加工。

2. 配合土建施工

建筑给排水管道施工与土建关系非常密切，尤其是高层建筑给排水管道的施工，配合土建施工更为重要。为了保证整个工程的质量，加快施工进度，减少安装工程打洞及土建单位补洞工作量，防止破坏建筑结构，确保建筑物安全，在土建施工过程中，应密切配合土建施工进行预埋支架或预留孔洞，减少现场穿孔打洞工作。

（1）现场预埋法

现场预埋的优点是可以减少留洞、留槽或打洞的工作量，但对施工技术要求较高，施工时必须弄清楚建筑物各部尺寸，预埋要准确。适合于建筑物地下管道、各种现浇钢筋混凝土水池或水箱等的管道施工。

（2）现场预留法

现场预留的优点是避免了土建与安装施工的交叉作业及安装工程面狭窄所造成的窝工现象。它是建筑给排水管道工程施工中常用的一种方法。

为了保证预留孔洞的正确，在土建施工开始时，安装单位应派专人根据设计图纸的要求，配合土建预留孔洞，土建在砌筑基础时，可以按设计图纸给出的尺寸预留孔洞。土建浇筑楼板之前，较大孔洞的预留应用模板围出；较小孔洞一般用短圆木或竹筒牢牢固定在楼板上；预埋的铁件可用电焊固定在图纸所设计的位置。无论采用何种方式预留预埋，均须固定牢靠，以防浇捣混凝土时移动错位，确保孔洞大小和平面位置的正确。立管穿楼板预留孔洞尺寸可按有关规定进行预留。给水排水立管距墙的距离可根据卫生器具样本及管道施工规范确定。

（3）现场打洞法

这种施工方法的优点是方便管道工程的全面施工，避免了与土建施工交叉作业，通过运用先进的打洞机具，如冲击电钻（电锤），使得打洞工作既快又准确。它是一般建筑给排水管道施工的常用方法。

施工现场是采取管道预埋、孔洞预留还是现场打洞方法，一般根据建筑结构要求、土建施工进度和工期、安装机具配置、施工技术水平等确定。施工时，可视具体情况决定采用哪种方式。

（二）建筑给水系统管道安装

建筑给水管道所用的管材、配件、阀门等应根据施工图的设计选用。

建筑给水管道安装顺序：引入管→干管→立管→支管→水压试验合格→卫生器具或用水设备或配水器具→竣工验收。

1. 引入管的安装

建筑物的引入管一般只设一条管，布置的原则是引入管应靠近用水量最大或不允许间断供水的地方，这样可以使大口径管道最短，供水比较可靠；当用水点分布比较均匀时，可从建筑物的中部引入，这样可使水压平衡。当建筑物内用水设备不允许间断供水或消火栓设置总数在 10 个以上时，可设置两条引入管，一般应从室外管网的不同侧引入。

引入管安装时，应尽量与建筑物外墙轴线相垂直，这样穿过基础或外墙的管段最短。引入管的安装，大多为埋地敷设，埋设深度应满足设计要求，如设计无要求，须根据当地土壤冰冻深度及地面载荷情况，参照室外给水接管点的埋深而定。

引入管穿过承重墙或基础时，必须注意对管道的保护，防止基础下沉而破坏管子。引入管安装宜采取管道预埋或预留孔洞的方法。引入管敷设在预留孔洞内或直接进行引入管预埋，均要保证管顶距孔洞壁距离不小于 150 mm。预留孔与管道间空隙用黏土填实，两端用水泥砂浆封口。

引入管上设有阀门或水表时，应与引入管同时安装，并做好防护设施，防止损坏。

引入管敷设时，为便于维修时将室内系统中的水放空，其坡度应不小于 0.003，坡向室外。

当有两条引入管在同一处引入时，管道之间净距应不小于 0.1 m，以便安装和维修。

2. 建筑内部给水管道的安装

建筑内部给水管道的安装方法有直接施工和预制化施工两种。直接施工是在已建建筑物中直接实测管道、设备安装尺寸，按部就班进行施工的方法。这种施工方法较落后，施工进度较慢。但由于土建结构尺寸不甚严密，安装时宜在现场根据不同部位实际尺寸测量下料，建筑物主体工程用砌筑法施工时常采用这种方法。预制化施工是在现场安装之前，按建筑内部给水系统的施工安装图和土建有关尺寸预先下料、加工、部件组合的施工方法。这种方法要求土建结构施工尺寸准确，预留孔洞及预埋套管、铁件的尺寸和位置无误（为此现在常采用机械钻孔而不必留孔）。这种方法还要求施工安装人员下料、加工技术水平高，准备工作充分。这种方法可提高施工的机械化程度，加快现场安装速度，保证施工质量，降低施工成本，是一种比较先进的施工法。随着建筑物主体工程采用预制化、装配化施工及整体式卫生间等的推广使用，给排水系统实行预制化施工会越来越普遍。

这两种施工方法都须进行测线，只不过前者是现场测线，后者是按图测线。给水设计图只给出了管道和卫生器具的大致平面位置，所以，测线时必须有一定的施工经验，除了熟悉图纸外，还必须了解给水工程的施工及验收规范、有关操作规程等，才能使下料尺寸准确，安装后符合质量标准的要求。

测线计量尺寸时经常要涉及下列三个尺寸概念：

①构造长度管道系统中两零件或设备中心线之间（轴）的长度。如两立管之间的中心距离，管段零件与零件之间的距离等。

②安装长度零件或设备之间管子的有效长度。安装长度等于构造长度减去管子零件或接头装配后占去的长度。

③预制加工长度管子所需实际下料尺寸。对于直管段，其加工长度就等于安装长度。对于有弯曲的管段，其加工长度不等于安装长度，下料时要考虑煨弯的加工要求来确定其加工长度。法兰连接时确定加工长度应注意扣除垫片的厚度。

安装管子主要解决切断与连接、调直与弯曲两对矛盾。将管子按加工长度下料，通过加工连接成符合构造长度要求的管路系统。

测线计量尺寸首先要选择基准，基准选择正确，配管才能准确。建筑内部给排水管道安装所用的基准为水平线、水平面和垂直线、垂直面。水平面的高度除可借助土建结构，如地坪标高、窗台标高外，还须用钢卷尺和水平尺，要求精度高时用水准仪测定。角度测量可用直角尺，要求精度高时用经纬仪。决定垂直线一般用细线（绳）或尼龙丝及重锤吊线，放水平线时用细白线（绳）拉直即可。安装时应弄清管道、卫生器具或设备与建筑物的墙、地面的距离以及竣工后的地坪标高等，保证竣工时这些尺寸全面符合质量要求。如墙面未抹灰就安装管道时，则应留出抹灰厚度。

通过实测确定了管道的构造长度，可以用计算法和比量法确定安装长度。根据管配件、阀门的外形尺寸和装入管配件、阀门内螺纹长度，计算出管段的安装长度，此为计算法。比量下料法是在施工现场按照测得的管道构造长度，用实物管配件或阀门比量的方法直接决定管子的加工长度，在管上做好记号，然后进行下料。

3. 室内给水管道的安装

室内给水管道，根据建筑物的结构形式、使用性质和管道工作情况，可分为明装和暗装两种安装形式。

明装管道在安装形式上，又可分为给水干管、立管及支管均为明装，以及给水干管、立管及支管部分明装两种。暗装管道就是给水管道在建筑物内部隐蔽敷设。在安装形式上，常将暗装管道分为全部管道暗装和供水干管、立管及支管部分暗装两种。

（1）给水干管安装

明装管道的给水干管安装位置，一般在建筑物的地下室顶板下或建筑物的顶层顶棚下。给水干管安装之前应将管道支架安装好。管道支架必须装设在规定的标高上，一排支架的高度、形式、离墙距离应一致。为减少高空作业，管径较大的架空敷设管道，应在地面上进行组装，将分支管上的三通、四通、弯头、阀门等装配好，经检查尺寸无误方可进行吊装。吊装时，吊点分布要合理，尽量不使管子过分弯曲。在吊装中，要注意操作安全。各段管子起吊安装在支架上后，立即用螺栓固定好，以防坠落。

架空敷设的给水管，应尽量沿墙、柱子敷设，大管径管子装在里面，小管径管子装在外面，同时，管道应避免对门窗的开闭产生影响。干管与墙、柱、梁、设备及另一条干管之间应留有便于安装和维修的距离，通常管道外壁距墙面不小于 100 mm，管道与梁、柱及设备之间的距离可减少到 50 mm。

暗装管道的干管一般设在设备层、地沟或建筑物的顶棚里，或直接敷设于地面下。当敷设在顶棚里时，应考虑冬季的防冻、保温措施；当敷设在地沟内时，不允许直接敷设在沟底，应敷设在支架上。直接埋地的金属管道，应进行防腐处理。

（2）给水立管安装

给水立管安装之前，应根据设计图纸弄清各分支管之间的距离、标高、管径和方向，应十分注意安装支管的预留口的位置，确保支管方向坡度的准确性。明装管道立管一般设在房间的墙角或沿墙、梁、柱敷设。立管外壁至墙面净距：当管径 DN<32mm 时，应为 25~35 mm；当管径 DN>32 mm 时，应为 30~50 mm。明装立管应垂直，其偏差每米不得超过 2 mm；高度超过 5 m 时，总偏差不得超过 8 mm。

给水立管管卡安装，层高小于或等于 5 m，每层须安装 1 个；层高大于 5 m，每层不得少于 2 个。管卡安装高度，距地面为 1.5~1.8m，2 个以上管卡可均匀安装。

立管穿楼板应加钢制套管，套管直径应大于立管 1~2 号，套管可采取预留或现场打洞安装。安装时，套管底部与楼板底部平齐，套管顶部应高出楼板地面 10~20 mm，立管的接口不允许设在套管内，以免维修困难。

如果给水立管出地坪设阀门时，阀门应设在地坪 0.5 m 以上，并应安装可拆卸的连接件（如活接头或法兰），以便操作和维修。

暗装管道的立管，一般设在管道井内或管槽内，采用型钢支架或管卡固定，以防松动。设在管槽内的立管安装一定要在墙壁抹灰前完成，并应做水压试验，检查其严密性。各种阀门及管道活接件不得埋入墙内，设在管槽内的阀门，应设便于操作和维修的检查门。

（3）横支管安装

横支管的管径较小，一般可集中预制、现场安装。明装横支管，一般沿墙敷设，并设 0.002~0.005 的坡度坡向泄水装置。横支管安装时，要注意管子的平直度，明装横支管绕过梁、柱时，各平行管上的弧形弯曲部分应平行。水平横管不应有明显的弯曲现象，其弯曲的允许偏差为：管径 DN≤100mm，每 10 m 为 5 mm；管径 DN>100 mm 时，每 10 m 为 10 mm。

冷、热水管上下平行安装，热水管应在冷水管上面；垂直并行安装时，热水管应装在冷水管左侧，其管中心距为 80 mm。在卫生器具上安装冷、热水龙头时，热水龙头应装在左侧，冷水龙头应装在右侧。

横支管一般采用管卡固定，固定点一般设在配水点附近及管道转弯附近。

暗装的横支管敷设在预留或现场剔凿的墙槽内，应按卫生器具接口的位置预留好管口，并应加临时管堵。

（4）室内 PP-R 管安装

PP-R 管道安装连接方式有热熔连接、电熔连接、丝扣连接与法兰连接。这里仅介绍热熔连接和丝扣连接。

热熔连接：热熔连接工具为熔接器，步骤如下：

①用卡尺与笔在管端测量并标绘出热熔深度。

②管材与管件连接端面必须无损伤、清洁、干燥、无油。

③热熔工具接通普通单相电源加热，升温时间约 6 min，焊接温度自动控制在约 260℃，连续施工直至工作温度指示灯亮后方能开始操作。

④做好熔焊深度及方向记号，在焊头上把整个熔焊深度加热，包括管道和接头。无旋转地把管端导入加热套内，插入所标志的深度，同时无旋转地把管件推到加热头上，达到规定标志处。

⑤达到加热时间后，立即把管材与管件从加热套与加热头上同时取下，迅速无旋转地直线均匀插入所标深度，使接头处形成均匀凸缘。

⑥工作时应避免焊头和加热板烫伤，或烫坏其他财物，保持焊头清洁，保证焊接质量。

丝扣连接：PP-R 管与金属管件连接，应采用带金属嵌件的聚丙烯管件作为过渡。该管件 PP-R 管采用热熔连接，与金属管件或卫生洁具五金配件采用丝扣连接。

（三）给水系统水压试验

建筑内部给水系统，一般要进行水压试验。试压的目的，一是检查管道及接口强度；二是检查接口的严密性。建筑内部暗装、埋地给水管道应在隐蔽或填土之前做水压试验。

1．水压试验前的准备工作

（1）试压设备与装置

水压试验设备按所需动力装置分为手摇式试压泵与电动式试压泵两种。给水系统较小或局部给水管道试压，通常选择手摇式试压泵；给水系统较大，通常选择电动式试压泵。

水压试验采用的压力表必须校验准确；阀门要启闭灵活，严密性好；保证有可靠的水源。

试验前，应对给水系统上各放水处（连接水龙头、卫生器具上的配水点）采取临时封堵措施，系统上的进户管上的阀门应关闭，各立管、支管上阀门打开。在系统上的最高点装设排气阀，以便试压充水时排气。排气阀有自动排气阀、手动排气阀两种类型。在系统的最低点设泄水阀，当试验结束后，便于泄空系统中的水。

给水管道试压前，管道接口不得做油漆和保温施工，以便进行外观检查。

（2）水压试验压力

建筑内部给水管道系统水压试验压力如设计无规定，按以下规定执行：

给水管道试验压力不应小于 0.6 MPa；生活饮用水和生产、消防合用的管道，试验压力应为工作压力的 1.5 倍，但不得超过 1.0 MPa。对使用消防水泵的给水系统，以消防泵的最大工作压力作为试验压力。

经验方法：

金属及复合管给水管道系统，在试验压力下观测 10 min 内压力降不大于 0.02 MPa，然后降至工作压力进行检查，应不渗不漏。

塑料管给水系统，应在试验压力下稳压 1 h，压力降不得超过 0.05 MPa，然后在工作压力的 1.15 倍状态下稳压 2 h，压力降不得超过 0.03 MPa，同时检查各连接处，不得渗漏。

2. 水压试验的方法及步骤

对于多层建筑给水系统，一般按全系统只进行一次试验；对于高层建筑给水系统，一般分区、分系统进行水压试验。水压试验应有施工单位质量检查人员或技术人员、建设单位现场代表及有关人员到场，做好对水压试验的详细记录。各方面负责人签章，并作为技术资料存档。

水压试验的步骤如下（金属及复合管）：

①将水压试验装置进水管接在市政水管、水箱或临时水池上，出水管接在给水系统上。试压泵、阀门等附件宜用活接头或法兰连接，便于拆卸。

②将阀门关闭，打开阀门和室内给水系统最高点排气阀，试压泵前后的压力表阀也要打开。当排气阀向外冒水时，立即关闭，然后关闭旁通阀。

③开启试压泵的进出水阀，启动试压泵，向给水系统加压。加压泵加压应分阶段使压力升高，每达到一个分压阶段，应停止加压，对管道进行检查；无问题时才能继续加压，一般应分 2 次或 3 次使压力升至试验压力。

④当压力升至试验压力时，停止加压，观测 10 min，压力降不大于 0.02 MPa；然后将

试验压力降至工作压力，管道、附件等处未发现漏水现象为合格。

⑤试压过程中，发现接口渗漏、管道砂眼、阀门等附件漏水等问题，应做好标记，待系统水放空，进行维修后继续试压，直至合格。

⑥试压合格后，应将进水管与试压装置断开。开启放水阀，将系统中试验用水放空，并拆除试压装置。

（四）冲洗与消毒试验

水压试验合格后，应对系统进行冲洗以清除管道内的铁屑、铁锈、焊渣、尘土及其他污物。冲洗一般使用清洁水，如管道分支较多可分段冲洗。在冲洗管段的最底部设排污口，排污口的截面积不应小于被冲洗管截面积的 60%，排水管应接入可靠的排水井或沟中。冲洗时，以系统内可能达到的最大流量或不小于 1 m/s 的流速进行。

冲洗消毒的合格标准如下：

①当设计无规定时，以出口的水色和透明度与入口处目测一致为合格。

②管道第一次冲洗应用清洁水冲洗至出水口水样浊度小于 3 NTU（浊度：1 L 的水中含 1 mg 的 SiO_2）。

③管道第二次冲洗应在第一次冲洗后，用有效氯离子含量不低于 20 mg/L 的清洁水（消毒常用的药剂有漂白粉、漂白精和液氯）浸泡 24 h 后，再用清洁水进行第二次冲洗，直至水质检测管理部门取样化验合格为止。

三、阀门附件及给水设备安装

（一）安装准备及注意事项

1. 一般阀门安装前检查：型号、规格应符合设计要求，并有合格证；启闭灵活，阀杆无歪斜；对安装于主干管上的阀门，应逐个做强度和严密性试验，强度和严密性试验压力为阀门出厂规定的压力，或遵照《管子与管路附件的公称压力和试验压力》规定进行；非主干管上阀门应每批（同牌号、同规格、同型号）抽查总数的 10%，且不少于一个，做耐压强度试验，如有漏、裂不合格的应再抽查 20%，仍有不合格的则须逐个试验。

2. 阀门搬运时，不得随手抛掷。吊装时，严禁绳索拴在手轮或阀杆上。现场保管时，应按型号、规格整齐排列，不得叠压。阀瓣应处于关闭状态，两端敞口应用塑料板或纸板封堵。

3. 明杆阀门不宜埋地安装。水平管上安装阀门的阀杆应向上或水平安装。立管安装阀门的阀杆朝向和高度应便于巡视、操作和维修。成排阀门安装，阀杆应呈一直线，允许偏差±3 mm。分汽缸、集水罐等处安装的成排阀门,以缸(罐)体上法兰为准。

(二)阀门安装

1. 应注意介质流向

截止阀、升降式止回阀、蝶阀,以阀体箭头所示流向为准;瓣式止回阀在阀瓣旋转轴一端为介质流入口;闸阀、旋塞、球阀等无流向规定。

2. 螺纹连接的阀门

要求管道螺纹为锥形螺纹,且螺纹有效长度稍短;螺纹填料应符合介质性能要求;并在阀门出口后安装活接头;阀门安装时,应用扳手卡住六角体旋转,不可用管子钳。

3. 法兰连接的阀门

相配的法兰类别、规格应与阀门符合;螺栓规格与法兰类别、规格相符;螺栓六角必须均在相配法兰一侧,螺母在阀门法兰一侧;法兰垫片符合介质性能和压力等级要求;紧固螺栓时,必须十字交叉、对称、均匀地分2次或3次拧紧螺母(保证组对法兰的密封面平行和同心;对于铸铁等质脆材料,必须避免强力连接和各螺栓受力不均引起的损坏)。

4. 带操作机构和传动装置的阀门

应在阀门安装好后,再安装操作机构和传动装置,并应进行运行调整,使动作灵活,指示正确。

5. 减压阀安装

应根据设计规定以立式或水平安装。安装应符合如下要求:安装位置,设计无明确规定时,应设置在震动较小,便于操作和检修的地方;减压阀应垂直安装于水平管道上,不得倾斜,并与介质流向一致;介质为蒸汽时,减压阀前泄水短路应接疏水装置排放凝结水;减压阀前后管径、旁通阀管径无设计规定时,应按《暖通空调设计选用手册》施工,不得任意更改;减压阀安装高度,沿墙设置的离地面1.2 m。若须安装在高处时,应设置永久性操作平台;减压阀介质流入入口前一般均应加装过滤器,以防堵塞失灵。

6. 安全阀安装

安全阀应安装在设计规定的管道或设备上。安装应符合如下要求:安全阀应设置在震动较小,便于检修的地方;安全阀应垂直安装,不得倾斜;与安全阀连接的管道应畅通,进、出口管道的公称管径应不小于安全阀连接口的公称直径。安全阀排出管,介质为蒸汽时,应向上排至室外,离地面2.5 m以上;介质为液体时,应向下排放至排水沟或冷却池;安全阀向上排出管内积水时,应在排出管底部接泄水管排至排水沟。安全阀排出管和泄水管上不得安装阀门。

7. 安全阀调试定压要求

安全阀的开启压力、回座压力应由当地有关机构调试定压，并出具调试合格证后方可安装。若须现场调试，开启压力、回座压力按设计规定或有关安全技术监察规程执行。调压时，压力应稳定，启闭试验不少于三次，经当地有关机构检验认可后，重新铅封，并及时填写《安全阀调整试验记录》。安全阀未调试合格或未经有关部门认可的，不得投入运行。

8. 调压孔板径和安装位置

应按设计规定执行，孔板应平放贴在凹面法兰的内凹平面内，也可安装在活接头中、水嘴和消火栓前，孔板按流向要求，孔板和法兰或其他密封面均应清洗干净，无污垢、疤结等影响密封面。

（三）不锈钢水箱安装

1. 水箱的运输

由于单块水箱板的规格为 1000 mm×1000 mm、1000 mm×500 mm、500 mm×500 mm 的单块水箱板重量为 20~25 kg，故考虑组合装配式水箱运输采用单块运输、集中组装的方式，利用人工和特制车辆将单块水箱板从汽车坡道、施工电梯运至每个水箱间，运输途中考虑进行必要的成品保护措施。

2. 装配式水箱的安装

可按照厂家提供的水箱装配图进行安装施工，步骤如下：
①钢架放在基础上，用地脚螺栓固定。
②组装底面板，然后放在钢架上，用装配零件固定在钢架上。
③组装侧面板，安装内部加强件，组装顶部面板。

3. 水箱周围管道的安装

水箱和水管的连接处采用挠性接头，泄水管应安装在水箱底部，溢出管不应直接与排放管连接（中间应有间隔），浮球阀等阀门附件为了检修方便应集中安装在检修工作口附近。

在水箱的内外侧应安装不锈钢梯子，人孔尺寸不小于 600 mm×600 mm，水箱外部应安装液位计，具有水位标尺及液位传输功能。

4. 水箱满水试验

敞口水池（箱）安装完毕后应做满水试验，静置 24 h 观察，不渗不漏为合格。在满水试验准备完成后报总包及监理工程师验收。为保证满水试验的有效性，要做好影像记录及监理工程师过程监察。

生活饮用水系统在试压和冲洗合格后、交付使用前必须进行消毒，并经有关部门取样检验，符合国家生活饮用水标准后方可使用。

水箱在试压合格后，宜采用 0.03% 高锰酸钾消毒液灌满进行消毒。消毒液在管道中应静置 24 h，排空后，再用饮用水冲洗，饮用水的水质应达到现行的国家标准。

第三章
建筑室内排水系统与施工技术

第一节　建筑室内排水系统

一、建筑室内排水系统的分类、体制和组成

（一）室内排水系统的分类

按系统排除的污、废水种类的不同，可将建筑内排水系统分为以下六类：

1. 粪便污水排水系统

排除大便器（槽）、小便器及与此相似的卫生设备排出的污水。

2. 生活废水排水系统

排除洗涤盆（池）、淋浴设备、洗脸盆、化验盆等卫生器具排出的洗涤废水。

3. 生活污水排水系统

排除粪便污水和生活污水的排水系统。

4. 生产污水排水系统

排除生产过程中污染较重的工业废水的排水系统。生产污水经过处理后才允许回收利用或排放，如含酚污水、含盐污水、酸、碱污水等。

5. 生产废水排水系统

排除生产过程中只有轻度污染或水温较高，只需经过简单处理即可循环或重复使用的较洁净的工业废水的排水系统。如冷却废水、洗涤废水等。

6. 屋面雨水排水系统

排除降落在屋面的雨、雪水的排水系统。

（二）排水体制

建筑内部排水体制也分为分流制和合流制两种，分别称为建筑内部分流排水和建筑内部合流排水。

建筑内部分流排水是指居住建筑和公共建筑中的粪便污水和生活废水；工业建筑中的生产污水和生产废水各自由单独的排水管道系统排除。

建筑内部合流排水是指建筑中两种以上的污水、废水合用一套排水管道系统排除。

建筑内部排水体制确定时，应根据污水性质、污染程度、结合建筑外部排水系统体制、有利于综合利用、污水的处理和中水开发、经济合理性等方面的因素考虑决定。

建筑物宜设置独立的屋面雨水排水系统，迅速、及时地将雨水排至室外雨水管渠或地面。在缺水或严重缺水地区宜设置雨水贮存池。

（三）建筑内部排水系统的组成

建筑内部排水系统设计的质量不仅体现在能否迅速安全地将污水、废水排到室外，而且还在于能否减小管道内的压力波动，使其尽量稳定，从而防止系统中接存水弯的水封被破坏而使室外排水管道中的有毒或有害气体进入室内。因此，在进行建筑排水系统的设计时，应明确建筑内部排水系统的组成，从而保证设计质量。

完整的建筑内部排水系统一般由下列部分组成：

1. 污废水收集器

它是建筑内部排水系统的起点，污水、废水从器具排水栓经器具内的水封装置或器具排水管连接的存水弯排入排水管道。

2. 排水管道

由器具排水管（连接卫生器具和横支管之间的一段短管，除坐式大便器、地漏外，其间包括存水弯）、有一定坡度的横支管、立管、横干管和排出到室外的排出管等组成。

3. 通气管

绝大多数排水管道系统内部排水的流动是重力流，即管道系统中的污水、废水是依靠重力的作用排出室外的。因此，排水管道系统必须和大气相通，从而保证管道系统内气压恒定，维持重力流状态。

4. 清通设备

指检查口、清扫口、检查井及带有清通盖板的 90° 弯头或三通等设备作为疏通排水管道之用。

5. 抽升设备

民用建筑中的地下室、人防建筑物、高层建筑的地下层、某些工业企业车间地下室或半地下室、地下铁道等地下建筑物内的污水、废水不能自流排至室外时，必须设置污水抽升设备。

6. 污水局部处理构筑物

当建筑内部污水未经处理不能排入其他管道或市政排水管网和水体时，须设污水局部处理构筑物。

二、室内排水管材（件）及附件

（一）排水管材和管道接口

建筑物内排水管道应采用建筑排水塑料管及管件或柔性接口机制排水铸铁管及相应管件。工业废水排水管道则应根据污、废水的性质，管材的机械强度及管道敷设方法，并结合就地取材原则选用管材。

1. 塑料管

塑料管包括 PVC-U（硬聚氯乙烯）管、UPVC 隔音空壁管、UPVC 芯层发泡管、ABS 管等多种管道，适用于建筑高度不大于 100 m、连续排放温度不大于 40℃、瞬时排放温度不大于 80℃ 的生活污水系统、雨水系统，也可用作生产排水管。常用胶黏剂承插连接或弹性密封圈承插连接。优点是耐腐蚀、重量轻、施工简单、水力条件好、不易堵塞；但有强度低、易老化、耐温性差、普通 PVC-U 管噪声大等缺点。目前，最常用的是 PVC-U（硬聚氯乙烯）管。

在使用 PVC-U（硬聚氯乙烯）排水管时，应注意以下三个问题：

①PVC-U（硬聚氯乙烯）管的水力条件比铸铁管好，泄流能力大，确定管径时，应使用塑料排水管的参数进行水力计算或查看相应的水力计算表。

②受环境温度或污水温度变化引起的伸缩长度，可按下列公式计算：

$$\Delta L = L \alpha \Delta t \tag{3-1}$$

式中，ΔL 为管道温升长度，m；L 为管道计算长度，m；α 为线性膨胀系数，一般采用 $(6 \sim 8) \times 10^{-5}$，m/（m·C）；$\Delta t$ 为温差，℃。

式（3-1）中的温差由两方面因素影响，即管道周围空气的温度变化和管道内水温的变化，可按下列公式计算：

$$\Delta t = 0.65\Delta t_s + 0.1\Delta t_g \tag{3-2}$$

式中，Δt_s 为管道内水的最大变化温度差，℃；Δt_g 为管道外空气的最大变化温度差，℃。

③消除 PVC-U（硬聚氯乙烯）管道受温度影响引起的伸缩量，通常采用设置伸缩节的办法予以解决。排水立管、通气立管应每层设一个伸缩节；横支管上汇合配件至立管的直线管段大于 2 m 时应设置伸缩节，但伸缩节之间最大间距不得超过 4 m；伸缩节应设置在汇合配件处，横干管伸缩节应设置在汇合配件上游端；横管伸缩节应采用承压橡胶密封圈或横管专用伸缩节。

2. 排水铸铁管

排水铸铁管的管壁较给水铸铁管薄，不能承受高压，常用于建筑生活污水管、雨水管等，也可用作生产排水管。排水铸铁管的优点是耐腐蚀、具有一定的强度、使用寿命长和价格便宜等；缺点是性脆、自重大，每根管的长度短，管接口多，施工复杂。

排水铸铁管连接方式多为承插式，常用的接口材料有普通水泥接口、石棉水泥接口、膨胀水泥接口等。

柔性抗震排水铸铁管，广泛应用于高层和超高层建筑室内排水，它采用橡胶圈密封，螺栓紧固，具有较好的挠曲性、伸缩性、密封性及抗震性能，且便于施工。

3. 钢管

钢管用作卫生器具排水支管及生产设备震动较大的地点、非腐蚀性排水支管上，管径小于或等于 50 mm 的管道，可采用焊接或配件连接。

（二）管件

室内排水管道是通过各种管件来连接的，管件种类很多，常用的有以下五种：

1. 弯头

弯头用在管道转弯处，使管道改变方向。常用弯头的角度有90°、45°两种。

2. 乙字管

排水立管在室内距墙比较近，但基础比墙要宽，为了到下部绕过基础须设乙字管，或高层排水系统为消能而在立管上设置乙字管。

3. 存水弯

存水弯也叫水封，设在卫生器具下面的排水支管上。使用时，由于存水弯中经常存有水，可防止排水管道中的有毒有害气体或虫类进入室内，保证室内的环境卫生。水封高度通常为50~100 mm。存水弯有S形和P形两种。

4. 三通或四通

三通或四通用在两条管道或三条管道的汇合处。三通有正三通、顺流三通和斜三通。四通有正四通和斜四通。

5. 管箍

管箍也叫套袖，它的作用是将两段排水铸铁直管连在一起。

（三）管道附件

1. 存水弯

存水弯指的是在卫生器具内部或器具排水管段上设置的一种内有水封的配件。存水弯分S形存水弯、P形存水弯、U形存水弯，S和P、U可以很形象地说明存水弯的形状。

2. 检查口和清扫口

检查口和清扫口属于清通设备，室内排水管道一旦堵塞，利用它们可以方便疏通，因此，在排水立管和横支管上的相应部位都应设置清通设备。

（1）检查口

检查口设置在立管上，铸铁排水立管上检查口之间的距离不宜大于10 m，塑料排水立管宜每六层设置一个检查口。但在立管的最底层和设有卫生器具的二层以上建筑的最高层应设置检查口，当立管水平拐弯或有乙字管时，在该层立管拐弯处和乙字管的上部应设检查口。检查口设置高度一般距地面1 m，检查口向外，方便清通。

（2）清扫口

清扫口一般设置在横管上，横管上连接的卫生器具较多时，横管起点应设清扫口（有时用可清掏的地漏代替）。在连接2个或2个以上的大便器或3个及3个以上的卫生器具的铸铁排水横管上，宜设置清扫口。在连接4个及4个以上的大便器塑料排水横管上宜设置清扫口。在水流偏转角大于45°的排水横管上，应设检查口或清扫口。

3. 地漏

地漏一般设置在经常有水溅出的地面、有水需要排除的地面和经常需要清洗的地面最低处（如淋浴间、盥洗室、厕所、卫生间等），其地漏箅子应低于地面5~10 mm。带水封的地漏水封深度不得小于50 mm。地漏的选择应符合下列要求：①应优先采用直通式地漏，直通式地漏下必须设置存水弯；②卫生要求高或非经常使用地漏排水的场所，应设置密闭地漏；③食堂、厨房和公共浴室等排水宜设置网框式地漏。

三、常用卫生器具

卫生器具主要分布在卫生间、盥洗间、厨房和阳台等场所，主要有便溺用卫生器具、盥洗、沐浴用卫生洁具和洗涤用卫生器具等。

(一) 便溺用卫生器具

便溺用卫生器具包括坐便器、大便槽、小便器和小便槽等。

1. 坐便器

坐便器又称为马桶，本身带有存水弯，一般用于住宅、宾馆等卫生间内。坐便器按冲洗原理及构造可分为冲洗式、虹吸式、喷射虹吸式和漩涡虹吸式。冲洗水箱与坐便器可以分体，也可以连体，最常用的是连体式坐便器，其材质一般为陶瓷。

2. 蹲式大便器

蹲式大便器的卫生条件比坐式大便器要好，一般用于机关、学校、工厂等公共场所的卫生间内。蹲式大便器本身不带存水弯，安装时须另设存水弯。冲洗设备可采用延时自闭冲洗阀、高水箱，也可采用低水箱。

3. 大便槽

大便槽用水磨石、瓷砖或整体不锈钢槽建造，设备简单，建造费用低，在建筑标准不高的公共建筑或公共厕所内采用。大便槽槽底坡度不小于0.015，排水管的管径一般为150 mm。

4. 小便器

小便器设于公共建筑的男厕所内，有立式和挂式两种。小便器由冲洗阀、小便斗、存水弯和冲洗管组成。

5. 小便槽

小便槽槽底坡度不小于0.01，小便槽可用普通阀门控制的多孔冲洗管冲洗，但应尽量采用自动冲洗水箱冲洗，冲洗管设在距地面1.1 m的地方，管径为15 mm或20 mm；管壁上开有直径为2 mm、间距为30 mm的一排小孔，小孔喷水的方向与墙面呈45°夹角；小便槽的长度 L 一般不大于6 m。目前在公共场所男卫生间也采用不锈钢制品成套小便槽。

(二) 盥洗、沐浴用卫生洁具

盥洗、沐浴用卫生器具包括洗脸盆、盥洗槽、淋浴器、浴盆和净身盆等。

1．洗脸盆

洗脸盆的规格形式多样，材质大部分为瓷质，常用的有台上、台下、台中盆，也可分为单冷、冷热水洗脸盆。成套洗脸盆的安装包含盆具、水龙头、水件（角阀软管）、下水，甚至台面、柜体等。盆具的安装应按照标准图集尺寸预留给排水点位。洗脸盆的台面高度为 800 mm，上配水时，单冷水的水龙头位于盆中心线墙面，距地面 1000 mm，冷、热水龙头中心距 150 mm，明管安装时，热水龙头高于冷水龙头 100 mm（距池面 1100 mm）。角阀安装高度 450 mm，角阀位置与洗脸盆上水龙头孔位置在一垂直线上，盆的后壁有溢水孔，盆底部设有排水栓，存水弯的公称直径为 32 mm，排水管的公称直径为 50 mm。

2．盥洗槽

盥洗槽装置在同时有多人需要使用盥洗的地方，如工厂、学校的集体宿舍、工厂生活间等。槽宽一般为 500~600 mm；槽长在 4.2 m 以内可采用 1 个排水栓，超过 4.2 m 须设置 2 个排水栓。

3．淋浴器

一般淋浴器的莲蓬头下缘安装在距地面 1.9~2.1 m 高度，给水管的公称直径为 15 mm，其冷、热水截止阀离地面 1.15 m，两淋浴头的间距为 900~1000 mm。地面有 0.005~0.010 的坡度坡向排水口或排水明沟。

4．浴盆和净身盆

浴盆一般设在住宅、宾馆卫生间内，通常为陶瓷材质。净身盆一般设于高级公寓、宾馆和妇产医院的厕所中。

（三）洗涤用卫生器具

1．洗涤盆

洗涤盆装设在厨房或公共食堂内，供洗涤碗碟、蔬菜等食物之用。洗涤盆排水口在盆底的一端，口上设十字栏栅，卫生要求严格时还设有过滤器；为使水在盆内停留，应设排水栓。

2．污水盆（池）

污水盆（池）装设在公共建筑的厕所、盥洗室内，供打扫厕所、洗涤拖布或倾倒污水之用。污水盆（池）以前常用水磨石或水泥砂浆抹面的钢筋混凝土制品。

四、排水通气管系统

排水通气管系统有三个作用：①向排水管道补给空气，使水流畅通，更重要的是减小排水管道内的气压变化幅度，防止卫生器具水封破坏；②使室内外排水管道中散发的臭气和有害气体能排到大气中去；③管道内经常有新鲜空气流通，既增加了管道排水能力又可减轻管道内废气对管道的锈蚀，延长使用寿命。

（一）通气管系统的类型

1. 伸顶通气管

伸顶通气管是排水立管与最上层排水横支管连接处向上垂直延伸至室外作通气用的管道。

2. 专用通气管

专用通气管是仅与排水立管相连接，为排水立管内空气流通而专门设置的垂直通气管道。

3. 主通气立管

主通气立管是连接环形通气管和排水立管，并为排水横支管和排水立管内空气流通而设置的专用于通气的立管。

4. 副通气立管

副通气立管是仅与环形通气管连接，使排水横支管内空气流通而设置的专用于通气的管道。

5. 结合通气管

结合通气管是排水立管与通气立管的连接管段。

6. 环形通气管

环形通气管是在多个卫生器具的排水横支管上，从最始端卫生器具的下游端至通气立管的一段通气管段。

7. 器具通气管

器具通气管是卫生器具存水弯出口端接至主通气立管的管段。

8. 汇合通气管

连接数根通立管或排水立管顶端通气部分，并延伸至室外大气的通气管段。

（二）通气管的设置和安装要求

1. 通气管的设置

生活排水管道的立管顶端，应设置伸顶通气管。生活排水立管承担的卫生器具排水设计流量，当超过伸顶通气管的排水立管最大排水能力时，应设专用通气立管；建筑标准要求较高的多层住宅和公共建筑、10层及10层以上高层建筑的生活立管宜设置专用通气立管。建筑物各层的排水管道上设有环形通气管时，应设置连接各层环形通气管的主通管立管或副通气立管。凡设有专用通气立管或主通气立管时，应设置连接排水立管与专用通气立管或主通气管的结合通气管。连接4个及4个以上卫生器具并与立管的距离大于12 m的排水横支管、连接6个及6个以上大便器的污水横支管、设有器具通气管的排水管道上，应设置环形通气管。对卫生、安静要求较高的建筑物内，生活排水管道宜设置器具通气管。伸顶通气管不允许或不可能单独伸出屋面时，可设置汇合通气管。通气立管不得接纳器具污水、废水和雨水，不得与风道和烟道连接。在建筑物内不得设置吸气阀替代通气管。

2. 通气管与排水立管的连接、安装要求

器具通气管应设在存水弯出口端。在横支管上设环形通气管时，应在最始端的两个卫生器具间接出，并应在排水支管中心线以上与排水支管呈垂直或45°连接。器具通气管和环形通气管应在卫生器具上边缘以上不少于0.15 m处，按不小于0.01的上升坡度与通气立管相连接。专用通气立管应每隔二层、主通气立管应每隔8~10层设结合通气管与排水立管连接，结合通气管上端可在卫生器具上边缘以上不小于0.15 m处与通气立管以斜三通连接，下端宜在排水横支管以下与排水立管以斜三通连接。结合通气管可采用H管件替代，但其位置应设在卫生器具上边缘以上不小于0.15 m处。当污水立管与废水立管合用一根通气管时，管件可隔层分别与污水立管和废水立管连接，但最低横支管连接点以下应安装结合通气管。专用通气立管和主通气立管的上端可在最高卫生器具上边缘或检查口以上与排水立管通气部分以斜三通连接，下端应在最低排水横支管以下与排水立管以斜三通连接。

通气管的管材，可采用排水铸铁管、塑料管、柔性接口排水铸铁管等。伸顶通气管高出屋面不得小于0.3 m，且必须大于最大积雪厚度，通气管顶端应装设风帽或网罩。

经常有人停留的平屋面上，通气管口应高出屋面2 m，并应根据防雷要求考虑防雷装置。通气管口不宜设在屋檐檐口、阳台和雨篷等的下面，若通气管口周围4 m以内有门窗时，通气管口应高出窗顶0.6 m或引向无门窗一侧。通气立管不得接纳器具污水、废水和雨水，不得与风道和烟道连接。

3. 通气管管径的确定

通气管的管径应根据排水管的排水能力、管道长度确定。

排水立管上部的伸顶通气管的管径可与排水立管的管径相同。但在最冷月平均气温低

于 -13℃的地区，应在室内平顶或吊顶以下 0.3 m 处将管径放大一级，以免管口结霜减少断面积。

通气立管（专用的、主通气的、副通气的）、器具通气管、环形通气管的最小管径可按表 3-1 确定。通气立管长度在 50 m 以上时，其管径应与排水立管管径相同。通气立管长度小于等于 50 m 且两根或两根以上排水立管同时与一根通气立管相连时，应以最大一根排水立管按表 3-1 确定通气立管管径，且其管径不宜小于其余任何一根排水立管的管径。结合通气管的管径不宜小于通气立管的管径。

汇合通气管的断面积应为最大一根通气管的断面积加其余通气管断面积之和的 0.25 倍。

表 3-1　通气管最小管径

通气管名称	排水管管径/mm						
	32	40	50	75	100	125	150
器具通气管	32	32	32	—	50	50	—
环形通气管			32	40	50	50	
通气立管			40	50	75	100	100

注：表中通气立管系指专用通气立管、主通气立管、副通气立管。

五、室内排水管道系统的水力计算

建筑内部排水管道系统水力计算的目的是合理经济地确定排水管道管径、横管管道坡度。

（一）排水定额

每人每日排放的污水量和时变化系数与气候、建筑内设备的完善程度有关，由于人们在用水过程中散失水量较少，所以生活排水定额和时变化系数与生活给水相同。为了便于计算，以污水盆的排水流量 0.33 L/s 作为一个排水当量，将其他卫生器具的排水流量和它的比值称为排水当量。

（二）排水设计秒流量的计算

国内常用的排水设计秒流量计算公式有两种。

1. 用于工业企业生活间、公共浴室、洗衣房、职工食堂或营业餐厅的厨房、实验室、影剧院、体育场、候车（机、船）等建筑的生活管道排水设计秒流量计算公式如下：

$$q_p = \sum q_0 N_0 b \qquad (3-3)$$

式中，q_p 为计算管段排水设计秒流量，L/s；q_0 为计算管段上同类型的一个卫生器具排水流量，L/s；N_0 为计算管段上同类型卫生器具数；b 为卫生器具的同时排水百分数，%，冲洗水箱大便器的同时排水百分数按 12% 计算，其他卫生器具的同时排水百分数同给水。

当按式（3-3）计算排水量时，若计算所得小于一个大便器的排水流量时，应按一个大便器的排水流量计算。

2. 用于住宅、集体宿舍、旅馆、医院、疗养院、幼儿园、养老院、办公楼、商场、会展中心、中小学教学楼等建筑的生活排水管道的设计秒流量计算公式：

$$q_p = 0.12\alpha\sqrt{N_p} + q_{max} \tag{3-4}$$

式中，q_p 为计算管段排水设计秒流量，L/s；N_p 为计算管段的卫生器具排水当量总数；q_{max} 为计算管段上排水量最大的一个卫生器具的排水流量，L/s；α 为根据建筑物用途而定的系数。

当按式（3-4）计算排水量时，若计算所得流量值大于该管段上按卫生器具排水流量累加值时，应按卫生器具排水流量累加值确定设计秒流量。

（三）按经验确定某些排水管的最小管径

室内排水管的管径和管道坡度，在一般情况下是根据卫生器具的类型和数量按经验资料确定其最小管径。

1. 为防止管道淤塞，室内排水管的管径不得小于 50 mm。

2. 公共食堂、厨房，排泄含大量油脂和泥沙等杂物的排水管管径不宜过小，其管径应比计算管径大一号，但干管管径不得小于 100 mm，支管不得小于 75 mm。

3. 医院住院部的卫生间或杂物间内，由于使用卫生器具人员繁杂，而且常有棉花球、纱布碎块、竹签、玻璃瓶等杂物投入各种卫生器具内，因此，洗涤盆或污水盆的排水管管径不得小于 75 mm。

4. 小便槽或连接 3 个及 3 个以上小便器的排水管，应考虑冲洗不及时而结尿垢的影响，管径不得小于 75 mm。

5. 凡连接有大便器的管段，即使仅有一只大便器，也应考虑其排放时水量大而猛的特点，其最小管径应为 100 mm。

6. 对于大便槽的排水管，同上道理，管径最小应为 150 mm。

7. 多层住宅厨房间的立管管径不宜小于 75 mm。

8. 浴池的泄水管管径宜采用 100 mm。

（四）水力计算确定管径

当计算管段上卫生器具数量相当多，其排水当量总数甚大时，必须按式（3-3）、式

（3-4）进行水力计算。水力计算的目的在于合理、经济地确定管径、管道坡度，以及是否需要设置通气管系统，从而使排水顺畅，管系工况良好。

1. 计算规定

（1）管道坡度

生活排水和工业废水管道有通用坡度（正常情况下采用的坡度）和最小坡度（能使管道中的污废水带走泥沙等杂质而不沉积于管道所要确保的坡度）。表3-2为建筑物内生活排水铸铁管道的通用坡度、最小坡度和最大设计充满度。表3-3为建筑物内塑料排水管道的通用坡度、最小坡度和最大设计充满度。

表3-2　建筑物内生活排水铸铁管道的通用坡度、最小坡度和最大设计充满度

管径/mm	通用坡度	最小坡度	最大设计充满度
50	0.035	0.025	0.5
70	0.025	0.015	
100	0.20	0.012	
125	0.015	0.010	
150	0.010	0.007	0.6
200	0.008	0.005	

表3-3　建筑物内塑料排水管道的通用坡度、最小坡度和最大设计充满度

管外径/mm	通用坡度	最小坡度	最大设计充满度
110	0.026	0.004	0.5
125		0.0035	
160		0.003	0.6
200		0.003	

（2）管道充满度

自流排水管中污水、废水是在非满流的状态下排除的。管道上部未充满水流的空间的作用是使污水、废水散发的有毒、有害气体能自由向空间(或通过通气管道系统)排出;调节排水管道系统内的压力，避免排水管道内产生压力波动，从而防止卫生器具水封的破坏;容纳管道内超设计的高峰流量。排水管道的最大设计充满度见表3-2和表3-3。

（3）管道的自清流速

为使悬浮在污水中的杂质不致沉淀在管道底部,减小过流断面,造成排水不畅甚至堵塞,必须使管中的污水流速确保一个最小流速,该流速称为污水的自清流速。

2.水力计算

排水横管水力计算公式如下：

$$q_u = \omega \cdot v \tag{3-5}$$

$$v = \frac{1}{n} \cdot R^{2/3} \cdot I^{1/2} \tag{3-6}$$

式中，q_u 为排水设计秒流量，L/s 为水流断面积，m；ω 为流速，m/s；R 为水力半径，m；I 为水力坡度；n 为管道粗糙系数。经常采用的铸铁管为 0.013；混凝土管、钢筋混凝土管为 0.013~0.014；钢管为 0.012；塑料管为 0.009。

排水管道和明渠的水力计算，一般可按式（3-5）、式（3-6）预先制成水力计算表，使用时可直接查阅相关手册。

第二节　建筑室内排水系统的施工技术

一、室内排水管道的安装

（一）管道布置

管道布置有以下四点要求：①满足最佳排水水力条件；②满足美观要求及便于维护管理；③保证生产和使用安全；④保护管道不易受到损坏。

其布置原则如下：

（1）污水立管应设置在靠近杂质最多、最脏及排水量最大的排水点处，以便尽快地接纳横支管的污水而减少管道堵塞的机会；污水管的布置还应尽量减少不必要的转角及曲折做作直线连接。横管与横管、横管与立管之间的连接，宜采用45°三通或45°四通和90°斜三通或90°斜四通，或直角顺水三通水四通；横支管接入横干管、立管接入横干管时，应在横干管管顶或其两侧各45°范围内接入；排水管若需轴线偏置，宜用乙字管或两个45°弯头连接。

（2）排水立管与排出管端部的连接，宜采用两个45°弯头或弯曲半径不小于4倍管径的90°弯头。排出管宜以最短距离通至室外，因排水管较易堵塞，如埋设在室内的管道太长，则清通检修不方便。此外，管道长则坡度大，必然造成室外管道的埋设深度加深。

（3）在层数较多的建筑物内，为防止底层卫生器具因受立管底部出现过大的正压等而造成污水外溢现象，底层的生活污水管道应考虑采取单独排出方式。

（4）不论是立管或横支管，不论是明装或暗装，其安装位置应有足够的空间以利于拆换管件和清通维护工作的进行。

（5）当排出管与给水引入管布置在同一处进出建筑物时，为方便维修，避免或减轻因排水管渗漏造成土壤潮湿腐蚀和污染给水管道的现象，给水引入管与排出管管外壁的水平距离不得小于 1.0 m。

（6）管道应避免布置在有可能受设备震动影响或重物压坏处，因此，管道不得穿越生产设备基础；若必须穿越时，应与有关专业人员协商做技术上的特殊处理。

（7）管道应尽量避免穿过伸缩缝、沉降缝；若必须穿过时，应采取相应的技术措施，以防止管道因建筑物的沉降或伸缩而受到破坏。

（8）排水架空管道不得敷设在有特殊卫生要求的生产厂房以及贵重商品仓库、通风小室和变、配电间内。

（9）污水立管的位置应避免靠近与卧室相邻的内墙。

（10）明装的排水管道应尽量沿墙、梁、柱而做平行设置，保持室内的美观；当建筑物对美观要求较高时，管道可暗装，但应尽量利用建筑物装饰使管道隐蔽，这样既美观又经济。

硬聚氯乙烯排水立管（UPVC 管）应避免布置在易受机械撞击处，如不能避免时，应采取保护措施；同时应避免布置在热源附近；如不能避免，且管道表面受热温度大于 60℃时，应采取隔热措施；立管与家用灶具边净距不得小于 0.4 m，硬聚氯乙烯排水管应按规定设置阻火圈或防火套管。

（二）管道敷设

排水管的管径相对于给水管管径较大，又常需要清通修理，所以，排水管道应以明装为主。在工业车间内部甚至采用排水明沟排水（所排污水、废水不应散发有害气体或大量蒸汽）。明装方式的优点是造价低；缺点是不美观，易积灰、结露、不卫生。

对室内美观程度要求较高的建筑物或管道种类较多时，应采用暗装方式。立管可设置在管道井内，或用装饰材料镶包掩盖，横支管可镶嵌在管槽中，或利用平吊顶装修空间隐蔽处理。大型建筑物的排水管道应尽量利用公共管沟或管廊敷设，但应留有检修位置。

排水管多为承插管道，无须留设安装或检修时的操作工具位置，所以，排水立管的管壁与墙壁、柱等的表面净距有 25~35 mm 就可以。排水管与其他管道共同埋设时的最小距离，水平向净距为 1.0~3.0m，竖直向净距为 0.15~0.20 m，且给水管道布置在排水管道上面。

为防止埋设在地下的排水管道受到机械损坏，按照不同的地面性质，规定各种材料管道的最小埋深为 0.4~1.0 m。

排水管道的固定措施比较简单，排水立管用管卡固定，其间距最大不得超过 3 m；在承插管接头处必须设置管卡。横管一般用吊箍吊设在楼板下，间距视具体情况不得大于1.0 m。

排水管道尽量不要穿越沉降缝、伸缩缝，以防止管道受到影响而漏水。在不得不穿越时，应采取有效措施，如软性接口等。

排水管道穿越建筑物基础时，必须在垂直通过基础的管道部分外套较其直径大 20 mm 的金属套管，或设置在钢筋混凝土过梁的壁孔内（预留洞），管顶与过梁之间应留有足够的沉降间距以保护管道不因建筑物的沉降而受到破坏，一般不宜小于 0.15 m。

（三）室内排水管安装

室内排水管一般先安装出户管，然后安装排水立管和排水支管，最后安装卫生器具。

1. 普通铸铁排水管安装

（1）出户管安装

出户管的安装宜采取排出管预埋或预留孔洞方式。当土建砌筑基础时，将出户管按设计坡度，承口朝来水方向敷设，安装时一般按标准坡度，但不应小于最小坡度，坡向检查井。为了减小管道的局部阻力和防止污物堵塞管道，出户管与排水立管应采用两个 45°弯头连接。排水管道的横管与横管、横管与立管的连接应采用 45°三通或 45°四通和 90°斜三通或 90°斜四通。预埋的管道接口处应进行临时封堵，防止堵塞。

管道穿越房屋基础的应做防水处理。排水管道穿过地下室外墙或地下构筑物的墙壁处，应设刚性或柔性防水套管。防水套管的制作与安装可参见全国通用《给水排水标准图集》。

排出管的埋深：在素土夯实地面，应不小于排水铸铁管管顶至地面的最小覆土厚度 0.7 m；在水泥等路面下，最小覆土厚度不小于 0.4 m。

（2）排水立管安装

排水立管在施工前应检查楼板预留孔洞的位置和大小是否正确，未预留或留的位置不对，应重新打洞。

立管通常沿墙角安装，立管中心距墙面的距离应以不影响美观、便于接口操作为适宜。一般立管管径 DN50～75 时，距墙 110 mm 左右；主管管径 DN100 时，距墙 140 mm；主管管径 DN150 时，距墙 180 mm 左右。

排水管安装宜采取预制组装法，即先实测建筑物层高，以确定立管加工长度，然后进行立管上管件预制，最后分楼层由下而上组装。排水立管预制时，应注意下列管件所在位置：

①检查口设置及标高。排水立管每两层设置一个检查口，但最底层和有卫生器具的最高层必须设置。检查口中心距地面的距离为 1 m，允许偏差±20 mm，并且至少高出该层卫生器具上边缘 0.15 m。

②三通或四通设置及标高。排水立管上有排水横支管接入时，须设置三通或四通管件。当支管沿楼层地面安装时，其三通或四通口中心至地面距离一般为 100 mm 左右；当支管悬吊在楼板下时，三通或四通口中心至楼板底面距离为 350~400 mm。此间距太小不利于接口操作；间距太大影响美观，且浪费管材。

立管在分层组装时，必须注意立管上检查口盖板向外，开口方向与墙面成 45°夹角；设在管槽内立管检查口处应设检修门，以便对立管进行清通。还应注意三通口或四通口的方向要准确。

立管必须垂直安装，安装时可用线锤校验检查，当达到要求再进行接口。立管的底部弯管处应设砖支墩或混凝土支墩。

安装立管应由 2 人上下配合，一人在上一层的楼板上，由管洞投下一个绳头，下面的人将预制好的立管上部拴牢，可上拉下托，将管子插口插入其下的管子承口内。在下层操作的人可把预留分支管口及立管检查口方向找正，上层的人用木楔将管子在楼板洞处临时卡牢，并复核立管的垂直度，确认没问题后，再在承口内充塞填料，并填灰打实。管口打实后，将立管固定。

立管安装完毕后，应配合土建在立管穿越楼层处支模，并采用 C20 细石混凝土分二次浇捣密实。浇筑结束后，结合地平层或面层施工，并在管道周围筑成厚度不小于 20 mm、宽度不小于 30 mm 的阻水圈。

伸顶通气管应高出屋面 0.3 m，并且应大于最大积雪厚度。经常有人活动的平屋顶，伸顶通气管应高出屋面 2 m。通气口上应有网罩，以防落入杂物。伸顶通气管伸出屋面应做防水处理。

（3）排水横支管安装

立管安装后，应按卫生器具的位置和管道规定的坡度敷设排水支管。排水支管通常采取加工场预制或现场地面组装预制，然后现场吊装连接的方法。排水支管预制过程主要有测线、下料切断、连接、养护等工序。

测线要依据卫生器具、地漏、清通设备和立管的平面位置，对照现场建筑物的实际尺寸，确定各卫生器具排水口、地漏接口和清通设备的确切位置，实测出排水支管的建筑长度，再根据立管预留的三通或四通高度与各卫生器具排水口的标准高度，并考虑坡度因素求得各卫生器具排水管的建筑高度。

在实测和计算卫生器具排水管的建筑高度时，必须准确地掌握土建实际施工的各楼层地坪高度和楼板实际厚度，根据卫生器具的实际构造尺寸和国标大样图准确地确定其建筑尺寸。

测线工作完成后，即可进行下料，此步骤关键在于计算是否正确。计算下料先要弄清管材、管件的安装尺寸，再按测线所得的构造尺寸进行计算。

排水支管连接时要算好坡度，接口要直，排水支管组装完毕后，应小心靠墙或贴地坪放置，不得绊动，接口湿养护时间不少于 48 h。

排水支管吊装前，应先设置支管吊架或托架，吊架或托架间距一般为 1.5 mm 左右，宜设在支管的承口处。

吊装方法一般用人工绳索吊装，吊装时应不少于两个吊点，以便吊装时使管段保持水平状态。卫生器具排水管穿过楼板调整好，待整体到位后将支管末端插入立管三通或四通内，用吊架吊好，采取水平尺测量并调整吊杆顶端螺母以满足支管所需坡度。最后，进行立管与支管的接口，并进行养护。在养护期，吊装的绳索若要拆除，则须用不少于两处吊点的粗钢丝固定支管。

伸出楼板的卫生器具排水管，应进行有效的临时封堵，以防施工时杂物落入堵塞管道。

2. 建筑排水柔性接口铸铁管安装

建筑排水柔性接口铸铁管，是以柔性接头连接的灰口铸铁管及其配套管件的统称，按连接方式可分为承插式柔性接头和卡箍式柔性接头两种形式。

（1）系统选用

①建筑排水柔性接口铸铁管管道系统宜在下列情况和场所中使用：

a. 要求管道系统的使用年限与建筑物的使用年限相当时。

b. 高层和超高层建筑。

c. 要求管道系统具有适应建筑物较大横向和竖向变位能力时。

d. 管道系统易受人为损坏的场所（如拘留所、精神病院病房等）。

e. 瞬间排水温度高或系统运行中经常出现较高内压的场所。

f. 防火等级要求较高的建筑。

②承插式柔性接口排水铸铁管宜在下列情况下采用：

a. 要求管道系统接口具有较大的轴向转角和伸缩变形能力。

b. 对管道接口安装误差的要求相对较低时。

c. 对管道的稳定性要求较高时。

③卡箍式柔性接口排水铸铁管宜在下列情况下采用：

a. 安装要求的平面位置小，排水管道须设置在尺寸较小的管道井内或须紧贴墙面安装时。

b. 须分层同步安装和快速施工时。

c. 须分期修建或有改建、扩建要求的建筑。

（2）建筑排水柔性接口排水铸铁管的设置

①建筑排水柔性接口排水铸铁管宜在地面上、楼板下明设。当建筑有专门要求时，可在管槽、管道井、管窿或吊顶内暗设。明敷设的管道与墙、楼板的距离不得小于装卸管道及接头紧固螺栓操作时需要的最小距离。暗敷设应满足安装、维护、检修的需求，且不得影响建筑结构的安全。

②接入柔性接口排水铸铁管管道系统的卫生器具和设施，必须牢固地安装在建筑物的墙和楼板上；不得将其重量和载荷作用在管道上。

③管道穿越楼板、梁和墙时，管道不得作用在任何建筑结构上。管道穿承重墙或基础时，必须设置防护套管，套管内径较排水铸铁管外径大 50 mm。套管与被套管之间应用柔性材料填塞后，再用防水油膏封口。穿越防火墙时应用防火材料填塞和封口。穿墙套管的长度不得小于墙厚，穿楼板的套管应高出地面 50 mm。

④管道接口不得设置在楼板、梁、墙等建筑结构内。接头与板、梁、墙的净距不得小于 150 mm。若因穿管道敷设打洞或开槽而影响结构安全时，必须进行加固，使结构达到设计要求的安全强度。

⑤排水管道埋地敷设时，管顶与室内地坪的净距不得小于 300 mm，不宜大于 600 mm。平行于建筑外墙的室外埋地管道，当管底高于墙基底时，管道与墙外皮的净距不得小于 1000 mm，管顶覆土厚度不应小于 500 mm。当管底低于墙基底时，管道必须设置在基底外向下 45°分布线范围以外。

⑥建筑物内部的埋地排水管道和排出室外的管道，均不得在墙基础下面穿越。当建筑物无地下室时，立管底部与排出管的连接处必须加设支墩。支墩可采用强度不低于 C15 的混凝土浇筑或强度不低于 MU10 的砖砌筑。弯头底部应设置配套支座并锚固在支墩上。

⑦建筑排水柔性接口排水铸铁管管道系统，允许不设位移补偿装置。当管道系统需要折线安装时，承插式柔性接口的转角不得大于 5°，卡箍式柔性接口的转角不得大于 3°。

（3）柔性接口排水铸铁管的连接

①管道连接前应对管材和管件进行检查和检验，检验管材外观和接头配合公差是否满足连接需求。卡箍式连接平口铸铁管相邻两端接头部位的外径应一致。

②建筑排水用柔性接口承插铸铁管连接的步骤如下：

a. 安装前，应将直管和管件内外污物和杂质清除，承口、插口、法兰压盖工作面上的泥沙等附着物应清除干净。

b. 连接前，应按插入长度在插口外壁上画出安装线。插入承口内的深度应比承口实际深度小 5 mm，安装线所在的平面应与管的轴线垂直。

c. 插入前，先将法兰压盖套在插口端，再套入橡胶圈，橡胶圈右侧与安装线对齐。

d. 在插入的过程中，插入管的轴线与承口管的轴线应在同一直线上，橡胶密封圈应均匀紧贴在承口的倒角上。

e. 拧紧螺栓时，三耳压盖的三个角应交替拧紧。四耳和四耳以上的压盖应按对角位置对称拧紧。拧紧应分多次交替进行，以使橡胶圈均匀受力。

③（卡箍式）排水铸铁管连接方法步骤如下：

a. 安装前，应将直管和管件内外污物杂质清除干净，接口处不得有油污、泥沙、灰土等杂质。

b. 连接时，取出卡箍内橡胶密封套。卡箍为整圈不锈钢套环时，可将卡箍先套在接口一端的管材（管件）上。

c. 在接口相邻管端的一端套上橡胶密封套，使管口达到并紧贴在橡胶密封套中间肋的侧边上。将橡胶圈密封套的另一端向外翻转。

d. 将连接的管端固定，并紧贴在橡胶套中间肋的另一侧边上，再将橡胶密封套翻回套在连接管的管端上。

e. 安装卡箍前，应将橡胶密封圈擦拭干净。当卡箍件要求在橡胶密封套上涂润滑剂时，应按产品要求在橡胶密封套上涂抹润滑剂（润滑剂一般由生产厂配套提供）。

f. 卡箍上的螺栓紧固前应校准接头轴线，使两管轴线在同一直线上。螺栓拧紧应对称交替进行，使橡胶密封套均匀受力，起到良好的密封作用。

④加强型卡箍的使用。钢带型卡箍可用于高、低层建筑物的平口铸铁管排水管道系统。管道系统在下列情况下宜采用加强型卡箍：

a. 生活排水管道系统立管管道的拐弯处。

b. 屋面雨水排水系统的雨水斗接口处和管道转弯处。

c. 管道末端堵头处。

d. 无支管接入的排水立管和雨落管，且管道不允许出现偏转角时。

⑤其他管道与柔性接口排水管的连接。卫生器具的塑料排水管、金属管等与柔性接口排水铸铁管连接时，可按相应管径采用插入式或套筒式连接。连接接头采用的密封材料、填缝材料、嵌缝材料应满足接头的密封要求。

（4）柔性接口排水铸铁管道支吊架安装

柔性接口排水管道支吊架（管卡）必须锚固在墙体或钢筋混凝土结构内。当房屋结构为非承重墙体时，应在立管位置设置安装和锚固支架用的承重构件。横管吊架可锚固在楼板、梁和屋架上，横管托架应锚固在墙体内。

①承插式柔性接口排水铸铁管道支吊架安装应满足以下要求：

a. 立管支架（管卡）。立管支架（管卡）的支承强度应大于所支承管段重量，多层建筑内，立管重量不得全部作用在底层的立管支承上。立管的管材长度大于 1.2 m 时，每根立管上安装一个支架。支架宜安装在立管接头以及立管与弯头、三通、四通连接处，与接头间的净距不宜大于 300 mm。

b. 立管的支承间距应满足立管的垂直度要求。

c. 横管吊架（托架）的安装。当管材长度大于 1.2 m 时，每根管材上必须安装一个吊架（托架）；当管材长度小于等于 1.2 m 时，可隔段安装。横管与弯头、三通、四通等管件的连接处应安装吊架（托架），吊架（托架）与接头的间距不得大于 300 mm。排水横管上，两个吊架（托架）之间的间距不得大于 3.0 m。

②卡箍连接的排水铸铁管道支吊架安装应满足以下要求：

a. 直线管段的每个卡箍处均应设置支吊架，支吊架与卡箍的距离应小于等于 0.45 m，且支吊架间距不得超过 3 m。

b. 当横管较长且由多个管配件组对时，在每一个的配件处应设置支吊架。

c. 悬吊在楼板下的横管与楼板的距离大于 0.45 m 时，应在梁或楼板下设置刚性吊架，不能设置刚性支吊架时，应设置防晃支架。

d. 卡箍式排水铸铁管，在横管转弯处应设置拉杆装置，在立管转弯处应设置固定装置，固定装置可做成固定支墩，也可用型钢支承。

e. 建筑层数超过 6 层的建筑，立管采用卡箍连接的排水铸铁管时，从底层（或地下室）往上每隔 5 层宜在立管上安装一节承重短管。承重短管应采用配套支架并锚固在墙上或立柱上。

③当横管长度超过 12 m 时，每 12 m 必须设置一个防止水平位移的斜撑式吊架或用管卡固定的托架。

④吊架不得安装在卡箍上，也不得安装在连接件上。

3. 硬聚氯乙烯排水管安装

硬聚氯乙烯（PVC-U）排水管具有重量轻、价格低、阻力小、排水量大、表面光滑美观、耐腐蚀、不易堵塞、安装维修方便等优点，在建筑排水系统中，硬聚氯乙烯管有逐渐取代传统排水铸铁管的趋势。

硬聚氯乙烯排水管的安装顺序与排水铸铁管相同，先装出户管，后装立管、支管，然后安装卫生器具。管道接口一般为承插黏接。

（1）出户管安装

由于硬聚氯乙烯管抗冲击能力低，埋地铺设的出户管道宜分两段施工。第一段先做±0.00以下的室内部分，至伸出外墙为止。待土建施工结束后，再铺设第二段，从外墙接入检查井。穿地下室墙或地下构筑物的墙壁处，应做防水处理。埋地铺设的管材为硬聚氯乙烯排水管时，应做100～150 mm厚的砂垫层基础。回填时，应先填100 mm左右的中、细砂层，然后回填挖填土。出户管如采用排水铸铁管，底层硬聚氯乙烯排水立管插入排水铸铁管件（45°弯头）承口前，应先用砂纸打毛，插入后用麻丝填嵌均匀，以石棉水泥捻口，不得采用水泥砂浆，操作时应注意防止塑料管变形。

（2）硬聚氯乙烯排水管的粘接

硬聚氯乙烯排水管的承插黏接，应用胶黏剂粘牢。其操作按下列要求进行：

①下料及坡口。下料长度应根据实测并结合各连接件的尺寸确定。切管工具宜选用细齿锯、割刀和割管机等机具。断口应平整并垂直于轴线，断面处不得有任何变形。插口处坡口可用中号板锉锉成15°～30°。坡口厚度宜为管壁厚度的1/3～1/2，长度一般不小于3 mm。坡口后应将残屑清理干净。

②清理黏接面。管材或管件在黏接前应用棉丝或软干布将承口内侧和插口外侧擦拭干净，使被黏接面保持清洁，无尘砂与水迹。当表面沾有油污时，可用棉纱蘸丙酮等清洁剂清除。

③管端插入承口深度。配管时应将管材与管件承口试插一次，在其表面画出标记。

④胶黏剂涂刷。用毛刷蘸胶黏剂涂刷黏接承口内侧及黏接插口外侧时，应轴向涂刷，动作要快，涂抹均匀，涂刷的胶黏剂应适量，不得漏涂或涂抹过厚。应先涂承口，后涂插口。

⑤承插接口的连接。承插口涂刷胶黏剂后，应立即找正方向将管子插入承口，使其准直，再加挤压。应使管端插入深度符合所画标记，并保证承插接口的直度和接口位置正确，还应保持静待2～3 min，防止接口滑脱。

⑥承插接口的养护。承插接口连接完毕后，应将挤出的胶黏剂用棉纱或干布蘸清洁剂擦拭干净。根据胶黏剂的性能和气候条件静置至接口固化为止。冬期施工时固化时间应适当延长。

（3）立管的安装

立管安装前，应按设计要求设置固定支架或支承件，再进行立管的吊装。立管安装时，一般先将管段吊正，注意三通口或四通口的朝向应正确。硬聚氯乙烯排水管应按设计要求设置伸缩节。伸缩节安装时，应注意将管端插口平直插入伸缩节承口橡胶圈中，用力应均匀，不可摇挤，避免顶歪橡胶圈造成漏水。安装完毕后，即可将立管固定。

立管穿越楼板比较容易漏水。若立管穿越楼板是非固定的，应在楼板中埋设钢制防水套管（套管管径比立管管径大 1 号），套管高于地面 10～15 mm，套管与立管之间的缝隙用油麻或沥青玛蹄脂填实。当立管穿越楼板或屋面处固定时，应用不低于楼板强度等级的细石混凝土填实，立管周围应做出高于原地坪 10～20 mm 的阻水圈，防止接合部位发生渗水漏水现象；也可采用橡胶圈止水，圈壁厚 4 mm、高 10 mm，套在立管上，设在楼板内，再浇捣细石混凝土，立管周围抹成高出楼面 10～15 mm 的防水坡；还可以采用硬聚氯乙烯防漏环，环与立管黏接，安装方法同橡胶圈，但价格比橡胶圈便宜。

立管上的伸缩节应设置在靠近支管处，使支管在立管连接处位移较小。伸顶通气管穿屋面应做防水处理。通气管也可采用排水铸铁管，接口采取麻石棉水泥捻口。

（4）支管的安装

支管安装前，应预埋吊架。支管安装时，应按设计要求设置伸缩节，伸缩节的承口应逆水流方向，安装时应根据季节情况，预留膨胀间隙。支管的安装坡度应符合设计要求。

硬聚氯乙烯排水管安装必须保证立管垂直度，以及出户管、支管弯曲度要求。

（5）硬聚氯乙烯排水管的螺纹连接

螺纹连接硬聚氯乙烯排水管系指管件的管端带有牙螺纹段，并采用带内螺纹与塑料垫圈和橡胶密封圈的螺帽相连接的管道。

硬聚氯乙烯排水管螺纹连接常用于须经常拆卸的地方。与黏接相比，成本较高，施工要求高。在建筑排水工程中的应用没有黏接普遍。

①螺纹连接材料。管件必须使用注塑管件。塑料垫圈应采用与管材不同性质的塑料如聚乙烯等制成。橡胶密封圈须采用耐油、耐酸和耐碱的橡胶制成。

②螺纹连接施工。首先应清除材料上的油污与杂物，使接口处保持洁净；然后将管材与管件的接口试插一次，使插入处留有 5～7 mm 的膨胀间隙，插入深度确定后，应在管材表面画出标记。

安装时，先在管端依次套上螺帽、垫圈和胶圈，然后插入管件。用手拧紧螺帽，并用链条扳手或专用扳手拧紧。用力应适量，以防止胀裂螺帽。拧紧螺帽时应使螺纹外露 2～3扣。橡胶密封圈的位置应平整正确，使塑料垫圈四周均能压实。

（6）塑料管道的施工安全

塑料管道黏接所使用的清洁剂和胶黏剂等属易燃物品，在其存放、使用过程中，必须远离火源、热源和电源。管道黏接场所，禁止明火和吸烟，通风必须良好。集中操作预制场所，还应设置排风设施。管道黏接时，操作人员应站在上风处并穿戴防护手套、防护眼镜和口罩等，避免皮肤与眼睛同胶黏剂接触。冬期施工，应采取防寒防冻措施。操作场所应保持空气流通，不得密闭。胶黏剂和清洁剂易挥发，装胶黏剂和清洁剂的瓶盖应随用随开，不用时应立即盖紧，严禁非操作人员使用。

二、卫生器具及常用排水设备的施工安装

（一）卫生器具安装的一般要求

卫生器具安装一般在土建内粉刷工作基本完工、建筑内部给水排水管道敷设完毕后进行。安装前应熟悉施工图纸和国家颁发的《全国通用给水排水标准图集》，做到所有卫生器具的安装尺寸符合国家标准及施工图纸的要求。

卫生器具的安装基本上有共同的要求：平、稳、牢、准、不漏、使用方便、性能良好。

安装前，应对卫生器具及其附件（如配水嘴、存水弯等）进行质量检查，要求卫生器具及其附件有产品出厂合格证，卫生器具外观应规矩、表面光滑、造型美观、无破损无裂纹、边沿平滑、色泽一致、排水孔通畅。不符合质量要求的卫生器具不能安装。

卫生器具的安装顺序：首先是卫生器具排水管的安装，其次是卫生器具落位安装，最后是进水管和排水管与卫生器具的连接。

卫生器具落位安装前，应根据卫生器具的位置进行支、托架的安装。支、托架的安装宜采用膨胀螺栓或预埋螺栓固定。卫生器具的支、托架防腐良好。支、托架的安装须正确、牢固，与卫生器具接触应紧密、平稳，与管道的接触应平整。

卫生器具的给水配件应完好无损伤，接口严密，启闭部分灵活。装配镀铬配件时，不得使用管钳，不得已时应在管钳上衬垫软布，方口配件应使用活扳手，以免破坏镀铬层，影响美观及使用寿命。

（二）大便器施工安装

大便器分为蹲式大便器和坐式大便器两种。

1. 蹲式大便器的安装

蹲式大便器本身不带存水弯，安装时须另加存水弯。存水弯有 P 形和 S 形两种，P 形比 S 形的高度要低一些。所以，S 形仅用于底层，P 形既可用于底层又能用于楼层，这样可使支管（横管）的悬吊高度要低一些。

蹲式大便器一般安装在地坪的台阶上，一个台阶高度为 200 mm；最多为两个台阶，高度 400 mm。住宅蹲式大便器一般安装在卫生间，现浇楼板凹坑低于楼板不少于 240

mm，这样，就省去了台阶，方便人们使用。

高水箱蹲式大便器的安装顺序如下：

①高水箱安装。先将水箱内的附件装配好，保证使用灵活。按水箱的高度、位置，在墙上画出钻孔中心线，用电钻钻孔，然后用膨胀螺栓加垫圈将水箱固定。

②水箱浮球阀和冲洗管安装。将浮球阀加橡胶垫从水箱中穿出来，再加橡皮垫，用螺母紧固；然后将冲洗管加橡胶垫从水箱中穿出，再套上橡胶垫和铁制垫圈后用根母紧固。注意用力适当，以免损坏水箱。

③安装大便器。大便器出水口套进存水弯之前，须先将麻丝白灰（或油灰）涂在大便器出水口外面及存水弯承口内。然后用水平尺找平摆正，待大便器安装定位后，将手伸入大便器出水口内，把挤出的白灰（或油灰）抹光。

④冲洗管安装。冲洗水管（一般为 DN32 塑料管）与大便器进水口连接时，应涂上少许食用油，把胶皮碗套上，要套正套实，然后用 14 号铜丝分别绑扎两道，不许压结在一条线上，两道铜丝拧扣要错位。

⑤水箱进水管安装。将预制好的塑料管（或铜管）一端用锁母固定在角阀上，另一端套上锁母，管端缠聚四氟乙烯生料带或铅油麻丝后，用锁母锁在浮球阀上。

⑥大便器的最后稳装。大便器安装后，立即用砖垫牢固，再以混凝土做底座。但胶皮碗周围应用干燥细砂填充，便于日后维修。最后配合土建单位在上面做卫生间地面。

2. 坐式大便器的安装

坐式大便器按冲洗方式分为低水箱冲洗和延时自闭式冲洗阀冲洗两种；按低水箱所处的位置，又分为分体式或连体式两种。分体式低水箱坐便器的安装顺序如下：

①低水箱安装，先在地面将水箱内的附件组装好；然后根据水箱的安装高度和水箱背部孔眼的实际尺寸，在墙上标出螺栓孔的位置，采用膨胀螺栓或预埋螺栓等方法将水箱固定在墙上。就位固定后的低水箱应横平竖直，稳固贴墙。

②大便器安装。大便器安装前，应先将大便器的排出口插入预先安装的 DN100 污水管口内，再将大便器底座孔眼的位置用笔在地坪上标记，移开大便器用冲击电钻打孔（不打穿地坪），然后将大便器用膨胀螺栓固定。固定时，用力要均匀，防止瓷质便器底部破碎。

③水箱与大便器连接管安装。水箱和大便器安装时，应保证水箱出水口和大便器进水口中心对正。连接管一般为 90°铜质冲水管。安装时，先将水箱出水口与大便器进水口上的锁母卸下，然后在弯头两端缠生料带或铅油麻丝，一端插入低水箱出水口，另一端插入大便器进水口，将卸下的锁母分别锁紧两端，注意松紧要适度。

④水箱进水管上角阀与水箱进水口处的连接。常采用外包金属软管,能有效地满足角阀与低水箱管口不在同一垂直线上时的安装要求。该软管两端为活接,安装十分方便。

⑤大便器排出口安装。大便器排出口应与大便器安装同步进行。其做法与蹲便器排出口安装相同,只是坐便器不需存水弯。

连体式大便器由于水箱与大便器连为一体,造型美观,整体性好,已成为当今高档坐便器主流。其安装比分体式大便器简单得多,仅需连接水箱进水管和大便器排出管及安装大便器即可。

此外,采用延时自闭式冲洗阀冲洗的坐便器及蹲便器具有所占空间小、美观、安装方便的特点,因而得到广泛的应用,其安装可参照设计施工图及产品使用说明进行。

(三) 洗脸盆、洗涤盆、小便器安装

1. 洗脸盆

洗脸盆有墙架式、柱脚式、台板式三种形式。

墙架式洗脸盆是一种低档洗脸盆,其安装顺序如下:

①托架安装。根据洗脸盆的位置和安装高度,画出托架在墙上固定的位置。用冲击电钻钻孔,采用膨胀螺栓或预埋螺栓将托架平直地固定在墙上。

②进水管及水嘴安装。将脸盆稳装在托架上,脸盆上水嘴垫胶皮垫后穿入脸盆的进水孔,然后加垫并用根母紧固。水嘴安装时应注意热水嘴装在脸盆左边,冷水嘴装在右边,并保证水嘴位置端正、稳固。水嘴装好后,接着将角阀的入口端与预留的给水口相连接,另一端配短管(宜采用金属软管)与脸盆水嘴连接,并用锁母紧固。

③出水口安装。将存水弯锁母卸开,上端套在缠油麻丝或生料带的排水栓上,下端套上护口盘插入预留的排水管管口内,然后把存水弯锁母加胶皮垫找正紧固,最后把存水弯下端与预留的排水管口间的缝隙用铅油麻丝或防水油膏塞紧,盖好护口盘。

立式及台式洗脸盆属中高档洗脸盆,其附件通常是镀铬件,安装时应注意不要损伤镀铬层。安装立式及台式洗脸盆可参见国标图及产品安装要求,也可参照墙架式洗脸盆安装顺序进行。

2. 洗涤盆

住宅厨房、公共食堂中设洗涤盆,用作洗涤食品、蔬菜、碗碟等。医院的诊室、治疗室等也须设置。洗涤盆材质有陶瓷、砖砌后瓷砖贴面、水磨石、不锈钢。首先按图纸所示,确定洗涤盆安装位置,安装托架或砌筑支撑墙,然后装上洗涤盆,找平找正,与排水管道进行连接。在洗涤盆排水口丝扣下端涂铅油,缠少许麻丝,然后与P形存水弯的立节

或 S 形存水弯的上节丝扣连接，将存水弯横节或存水弯下节的端头缠好油盘根绳，与排水管口连接，用油灰将下水管口塞严、抹平。最后按图纸所示安装、连接给水管道及水嘴。

3. 小便器

小便器是设于公共建筑的男厕所内的便溺设施，有挂式、立式和小便槽三种。

挂式小便器安装：对准给水管中心画一条垂线，由地面向上量出规定的高度画一水平线，根据产品规格尺寸由中心向两侧量出孔眼的距离，确定孔眼位置，钻孔，栽入螺栓，将小便器挂在螺栓上。小便器与墙面的缝隙可嵌入白水泥涂抹。挂式小便器安装时应检查给水、排水预留管口是否在一条垂线上，间距是否一致；然后分别与给水管道、排水管道进行连接。挂式小便器给水管道、排水管道分别可以采用明装或暗装施工。

（四）浴盆安装

浴盆一般为长方形，也有方形的。长方形浴盆有带腿和不带腿之分。按配水附件的不同，浴盆可分为冷热水龙头、固定式淋浴器、混合龙头、软管淋浴器、移动式软管淋浴器浴盆。

冷热水龙头浴盆是一种普通浴盆。

1. 浴盆稳装

浴盆安装应在土建内粉刷完毕后才能进行。如浴盆带腿，应将腿上的螺栓卸下，将拨销母插入浴盆底卧槽内，把腿扣在浴盆上，带好螺母，拧紧找平，不得有松动现象。不带腿的浴盆，将其底部平稳地放在用水泥砖块砌成的两条墩子上，从光地坪至浴盆上口边缘为 520 mm，浴盆向排水口一侧稍倾斜，以利排水。浴盆四周用水平尺找正，不得歪斜。

2. 配水龙头安装

配水龙头高于浴盆面 150 mm，热左冷右，两龙头中心距 150 mm。

3. 排水管路安装

排水管安装时，先将溢水弯头、三通等组装好，准确地量好各段长度再下料，排水横管坡度为 0.02。先把浴盆排水栓涂上白灰或油灰，垫上胶皮垫圈，由盆底穿出，用根母锁紧，多余油灰抹平，再连上弯头、三通。溢水管的弯头也垫上胶皮圈，将花盖串在堵链的螺栓上，然后将溢水管插入三通内，用根母锁住。三通与存水弯连接处应配上一段短管，插入存水弯的承口内，缝隙用铅油麻丝或防水油膏填实抹平。

4. 浴盆装饰

浴盆安装完成后，由土建人员用砖块沿盆边砌平并贴瓷砖，在安装浴盆排水管的一端，池壁墙应开一个 300 mm×300 mm 的检查门，供维修使用。在最后铺瓷砖时，应注意浴盆边缘必须嵌进瓷砖 10~15 mm，以免使用时渗水。

在现实生活中，由于使用浴盆会引起交叉感染，传播疾病，故现在许多地方已不再安装浴盆，而是将地面进行防水处理，然后站在地板上直接淋浴，淋浴水直接通过地漏排入排水管道系统。

除以上介绍的几种卫生器具的安装外，还有大便槽、小便槽、污水盆、化验盆、盥洗槽、淋浴器、妇女卫生盆及地漏等，施工时，可按设计要求及《全国通用给水排水标准图集》要求安装。

（五）潜水泵安装

1. 安装工艺流程

潜水泵安装工艺流程如图 3-1 所示。

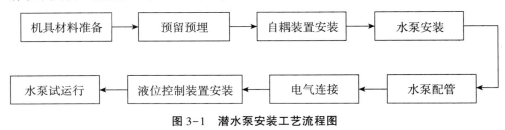

图 3-1　潜水泵安装工艺流程图

2. 潜水泵运输

地下部分潜水泵通过汽车坡道运入，水平采用叉车运输或人力搬运，运输过程中应保护设备。

3. 潜水泵安装

每台潜水泵的安装须配备上升导杆及提升链条，排水管与潜水泵的连接为自动耦合，利用耦合装置将泵与出水管路相连，泵和出水管路相互独立，其间不用紧固件连接。

导杆只起导向作用，用普通水管或钢管，提升链条为不锈钢制造。

安装时，把底座固定在池底，将导杆支架固定于池顶部侧壁；用螺栓将泵体与耦合接口相连，将耦合接口半圆孔导入导杆，把泵沿导杆向下滑到底，耦合支架就会把泵体的出水口和排水底座入口自动对准，依靠泵的自重使两法兰面自动贴紧。

4. 潜水泵维护

为了保证潜水泵的正常使用和延长使用寿命，应该进行定期的检查和保养。

在污水介质中长期使用后，潜水泵的叶轮与密封环之间的间隙可能增大，造成水泵流量和效率下降，应关掉电闸，将潜水泵吊起，拆下底盖，取下密封环，按叶轮口环实际尺寸配密封环，间隙一般在 0.5 mm 左右。

潜水泵长期不用时，应清洗并吊起置于通风干燥处，注意防冻；若置于水中，每 15 天至少运转 30 min（不能干磨），以检查其功能和适应性。

电缆每年至少检查一次，若破损应给予更换。

每年至少检查一次电机绝缘及紧固螺栓。

潜水泵在出厂前已注入适量的机油，用以润滑机械密封，该机油应每年检查一次。如果发现机油中有水，应将其放掉，更换机油，更换密封垫，旋紧螺塞。

三、排水系统试验

建筑内部排水管道为重力流管道，一般做闭水（灌水）试验，以检查其严密性。同时，为了防止管道堵塞还要求做通球试验。

（一）闭水（灌水）试验

建筑内部暗装或埋地排水管道，应在隐蔽或回填土之前做闭水试验，其灌水高度应不低于底层地面高度。确认合格后方可进行回填土或进行隐蔽作业。

对生活和生产排水管道系统，管内灌水高度一般以一层楼的高度为准；雨水管的灌水高度必须到每根立管最上部的雨水斗。

灌水试验以满水 15 min 后，再灌满延续 5 min，液面不下降为合格。

灌水试验时，除检查管道及其接口有无渗漏现象外，还应检查是否有堵塞现象。

排水系统的灌水试验可采取排水管试漏胶囊。试验方法如下：

1. 立管和支管（横管）砂眼或接口试漏。先将试漏胶囊从立管检查口处放至立管适当部位，然后用打气筒充气，从支管口灌水；如管道有砂眼或接口不良，即会发生渗漏。

2. 大便器胶皮碗试验。胶囊在大便器下水口充气后，通过灌水试验如胶皮碗绑扎不严，水在接口处渗漏。

3. 地漏、立管穿楼板试漏。打开地漏盖，胶囊在地漏内充气后可在地面做泼水试验，如地漏或立管封堵不好，即向下层渗漏。

整个闭水试验过程中，各有关方面负责人必须到现场，做好记录和签证，并作为工程技术资料归档。

（二）通球试验

排水主立管及水平干管管道均应做通球试验，通球球径不小于排水管道管径的 2/3，通球率必须达到 100%。通球试验应从上至下进行，胶球从排水立管顶端投入，注入一定水量于管内，使球能顺利流出为合格；通球过程中如遇堵塞，应查明位置进行疏通，直到通球无阻为止。

第三节　屋面雨水系统

一、屋面雨水排除系统分类

降落在屋面的雨水和冰雪融化水，尤其是暴雨，会在短时间内形成积水，为了不造成屋面漏水和四处溢流，需要对屋面积水进行有组织的排放。坡屋面一般为檐口散排，平屋面则须设置屋面雨水排除系统。根据建筑物的类型、建筑结构形式、屋面面积大小、当地气候和生产生活的要求等，屋面雨水排除系统可以分为多种类型。

（一）雨水管道布置位置分类

1. 外排水系统

外排水雨水排除系统是指屋面不设雨水斗，建筑内部没有雨水管道的雨水排放形式。按屋面有无天沟，又可分为檐沟外排水系统和天沟外排水系统。

（1）檐沟外排水系统

檐沟外排水系统又称普通外排水系统或水落管外排水系统，屋面雨水由檐沟汇水，然后流入雨水斗，经连接管至承雨水斗和外立管，排至室外散水坡。

（2）长天沟外排水系统

长天沟外排水系统是指屋面水由天沟汇水，排至建筑物两端，经雨水斗、外立管排至室外地面。天沟设置在两跨中间并坡向端墙（山墙、女儿墙），外立管连接雨水斗沿外墙布置。

2. 内排水系统

内排水系统是指屋面设有雨水斗、建筑物内部设有雨水管道的雨水排水系统。该系统常用于跨度大、特别长的多跨工业厂房，屋面设天沟有困难的壳形屋面、锯齿形屋面、屋面有天窗的厂房等。建筑立面要求高的高层建筑、大屋面建筑和寒冷地区的建筑，不允许在外墙设置雨水立管时，也应考虑采用内排水形式。内排水系统可分为单斗排水系统和多斗排水系统，敞开式内排水系统和密闭式内排水系统。

（1）单、多斗内排水系统

单斗系统一般不设悬吊管，雨水经雨水斗流入设在室内的雨水排水立管排至室外雨水管渠。

多斗系统一般设有悬吊管，雨水由多个雨水斗流入悬吊管，再经雨水排水立管排至室外雨水管渠。由于多个雨水斗排水系统水力工况复杂，目前尚无定论。

（2）敞开式和密闭式内排水系统

敞开式内排水系统，雨水经排出管进入室内普通检查井，属于重力流排水系统，因雨水排水中负压抽吸会挟带大量的空气，若设计和施工不当，突降暴雨时会出现检查井冒水现象，雨水漫流而造成危害，但敞开式内排水系统可接纳与雨水性质相近的生产废水。

密闭式内排水系统，雨水经排水管进入用密闭的三通连接的室内埋地管，属于压力排水系统。当雨水排泄不畅时，室内不会发生冒水现象，但不能接纳生产废水。对于室内不允许出现冒水的建筑，一般宜采用密闭式内排水系统。

3. 混合排水系统

大型工业厂房的屋面形式复杂，为了及时有效地排除屋面雨水，往往同一建筑物采用几种不同形式的雨水排除系统，分别设置在屋面的不同部位，由此组合成屋面雨水混合排水系统。

（二）按管内水流情况分类

1. 重力流排水系统

重力流排水系统可承接管系排水能力范围不同标高的雨水斗排水，檐沟外排水系统、敞开式内排水系统和高层建筑屋面雨水管系都宜按重力流排水系统设计。

2. 压力流排水系统

压力流排水系统，同一系统的雨水斗应在同一水平面上，长天沟外排水系统宜按单斗压力流设计；密闭式内排水系统，宜按压力流排水系统设计；单斗压力流系统应采用65型和79型雨水斗，多斗压力流排水系统应采用多斗压力流排水型雨水斗。

（三）雨水排除系统的选择

屋面雨水排除必须按重力流或压力流设计，檐沟外排水系统应按重力流设计；长天沟外排水系统应按单斗压力流设计；内排水系统可按重力流或压力设计；大屋面工业厂房和公共建筑宜按多斗压力流设计。

二、屋面雨水排除系统的组成、布置与敷设

(一) 外排水系统的组成、布置与敷设

屋面雨水外排水系统中，都应设置雨水斗。雨水斗是一种专用装置，型号有 65 型、79 型和 87 型，常用规格为 75、100、150 mm，又有平箅型和柱球形。柱球形雨水斗有整流格栅，主要起整流作用，避免排水过程中形成过大的漩涡而吸入大量的空气，迅速排除屋面雨水的同时拦截树叶等杂物。阳台、花台、供人们活动的屋面及窗井处常采用平箅形雨水斗，檐沟和天沟内常用柱球形雨水斗。

1. 檐沟外排水系统

檐沟外排水系统由檐沟、雨水斗和水落管组成，属于重力流，常采用重力流排水型雨水斗。雨水斗设置在檐沟内，雨水斗的间距根据降雨量和雨水斗的排水负荷确定出。根据 1 个雨水斗服务的屋面汇水面积，并结合建筑结构、屋面情况决定雨水斗数量。一般情况下，檐沟外排水系统，雨水斗间距可采用 8~16 m，同一建筑屋面，雨水排水立管不应少于 2 根。

雨水排水立管又称水落管，檐沟外排水系统应采用 UPVC 排水塑料管和排水铸铁管，其最小管径可用 DN75，下游管径不得小于上游管段管径，距地面以上 1 m 处设置检查口，牢靠地固定在建筑物的外墙上。

2. 长天沟外排水系统

长天沟外排水系统属于单斗压力流，由天沟、雨水斗和排水立管组成，应采用压力流排水型雨水斗，雨水斗通常设置在伸出山墙的天沟末端。

排水立管连接雨水斗，应采用 UPVC 承压塑料管和承压铸铁管，最小管径可采用 DN100；下游管段管径不得小于上游管段管径，距地面以上 1 m 处设置检查口，雨水排水立管固定应牢固。

长天沟外排水系统，天沟应以建筑物伸缩缝或沉降缝为屋面分水线，在分水线两侧设置，天沟连续长度不宜大于 50 m；坡度太小易积水，太大会增加天沟起端屋顶垫层，一般用 0.003~0.006，斗前天沟深度不宜小于 100 mm。天沟不宜过宽，以满足雨水斗安装尺寸为宜。天沟断面多为矩形或梯形，天沟端部应设溢流口，用以排除超过重现期的降雨，溢流口比天沟上檐低 50~100mm。

(二) 内排水系统的组成、布置与敷设

内排水系统由天沟、雨水斗、连接管、悬吊管、立管、排水管、埋地干管和检查井组

成。降落到屋面的雨水，由屋面汇水流入雨水斗，经连接管、悬吊管、排水立管、排出管流入雨水检查井，或经埋地干管排至室外雨水管道。

内排水的单斗或多斗系统可按重力流或压力流设计，大屋面工业厂房和公共建筑宜按多斗压力流设计。雨水斗的选型与外排水系统相同，分清重力流或压力流即可。雨水斗设置间距，应经计算确定，并应考虑建筑结构柱网，沿墙、梁、柱布置，便于固定管道。一般情况下，多斗重力流排水系统和多斗压力流排水系统雨水斗的横向间距可采用 12~24 m，纵向间距可采用 6~12 m。当采用多斗排水系统时，同一系统的雨水斗应在同一水平面上，且一根悬吊管上的雨水斗不宜多于 4 个，最好为对称布置，并要求雨水斗不能设在排水立管顶端。

内排水系统采用的管材与外排水系统相同，而工业厂房屋面雨水排水管道也可采用焊接钢管，但其内外壁应做防腐处理。

1. 敞开式内排水系统

（1）连接管

连接管是上部连接雨水斗、下部连接悬吊管的一段竖向短管。其管径一般与雨水斗相同，但管径不宜小于 DN100。连接管应牢靠地固定在建筑物的承重结构上，下端宜采用顺水连通管件与悬吊管相连接。为防止因建筑物层间位移、高层建筑管道伸缩造成雨水斗周围屋面被破坏，在雨水斗连接管道下应做补偿装置，一般宜采用橡胶短管或承插式柔性接口。

（2）悬吊管

悬吊管是上部与连接管和下部与排水立管相连接的管段，通常是顺梁或屋架布置的架空横向管道。其管径按重力流和压力流计算确定，但不应小于连接管径，也不应大于DN300，坡度不小于 0.005。连接管与悬吊管、悬吊管与立管之间的连接管件采用 45°或90°斜三通为宜。悬吊管端部和长度大于 15 m 的悬吊管上设置检查口或带法兰的三通，其位置宜靠近墙柱，以利操作。

（3）立管

雨水排水立管承接经悬吊管或雨水斗流来的雨水，1 根立管连接的悬吊管根数不多于2 根，立管管径应经水力计算确定，但不得小于上游管段管径。同一建筑，雨水排水立管不应少于 2 根，高跨雨水流至低跨时，应采用立管引流，防止对屋面冲刷。立管宜沿墙柱设置，牢靠固定，并在距地面以上 1 m 处设置检查口。

（4）埋地管

埋地管敷设于室内地下，承接雨水立管的雨水并排至室外，埋地管最小管径为

200 mm，最大不超过 600 mm，常用混凝土管或钢筋混凝土管。在埋地管转弯、变坡、管道汇合连接处和长度超过 30 m 的直线管段上均应设检查井。检查井井深应不小于 0.7 m，井内管顶平接，并做高出管顶 200 mm 的高流槽。

为了有效分离出雨水排除时吸入的大量空气，避免敞开式内排水系统埋地管系统上检查井冒水，应在埋地管起端几个检查井与排出管之间设排气井，从排出管排出的雨水流入排气井后与溢流墙碰撞消能，流速大幅度下降，使得气水分离；水再经整流格栅后平稳排出，分离出的气体经放气管排放到一定空间。

2. 密闭式内排水系统

密闭式内排水系统的设计选型、布置和敷设与敞开式内排水系统相同。两个系统的主要区别是，密闭式内排水系统属于压力流排水系统，不设排气井，埋地管上检查口设在检查井内，即它具有的是检查口井。

第四章
建筑给排水施工常见问题及预防措施

第一节　室内供水系统常见问题及预防措施

一、供水系统渗漏问题及预防措施

在给排水管道安装工程的验收过程中或交付使用后，最常见、也最令人头疼的问题是管道的渗漏，它不仅影响到给排水工程的整体质量，而且还直接影响了用户的正常使用。

（一）引起供水管道渗漏的原因及解决办法

1. 由管材、管件弯头、三通等和附件阀门、水嘴等本身质量引起的渗漏，如管材上出现裂痕、针眼，配件端部出现变形，丝口有偏丝、断丝、毛丝及缺口，各类阀体内的部件损蚀，密封圈破损、松懈，闸板和阀体毛糙而闸不到底，阀杆变形折断，还有洁具冲洗水箱出水口与浮球接触不密实，阀件老化、腐蚀而失灵等都会产生渗漏。

针对上述原因，其防治的办法是所有材料的进货渠道应正规，信誉、质量可靠，除有必要的质保单或合格外，在安装前，还必须进行严格的外观检测，即对于每批次不同来源的产品进行必要的目测查验或调试。当数量较大时可采用取样抽查，必要时亦可试压和解体检测主要阀门排除隐患，发现上述问题应予以调换，直到全部合格方可安装使用。

2. 安装人员技术不熟练或操作不当也会造成渗漏现象，比如，镀锌管在套丝接口时断丝或缺口大于丝口总长度10%，丝口过松或过紧而造成渗漏；丝接口长度不足或缠绕物生料带、油麻丝不足、不均匀或在边接旋转过头又返回产生松动而造成渗漏。另外，法兰之间偏心受压，以及焊接管道之间或管道法兰之间焊缝不到位造成开裂，卫生洁具边接填料不当，蹲坑冲洗皮碗与接口未绑紧或任意采用细铁丝而锈蚀等都会造成渗漏。

针对上述原因，其预防措施是安装施工人员须具有一定的操作技能和严格的操作规程意识，以确保施工质量，如在管道套丝时做到管子锯口平整。切口与管子中心垂直，丝口清晰。管子丝口应略呈圆锥状，衔接时严密并外露两牙，丝口缠绕适量、均匀，法兰与管道之间在边接时应进行水平或垂直交叉校正，选择不同对应介质的垫片大小相称，以防偏心应力。螺栓紧固时应顺序对称平衡控紧，外露丝口或埋入地下的管道应及时进行水压试验，蹲坑皮碗与接口必须采用 2 mm 的铜丝绑扎 2~3 道，且绑扎严密，亦可临时通水试验。

3. 由管道穿越混凝土板面的预留洞所产生的渗漏通常有两种情况。一种情况是楼面预留洞不设套管，因预留口侧面光滑，管道安装时未做凿毛处理而直接二次浇筑洞口，使洞口与板面之间或与立管之间出现渗漏；另外，预留洞口位置埋设不准，安装人员随意敲凿板面，使得预留洞口扩大，造成板面体破裂，填补洞口时又没采取有效浇筑封口的补救措施。另一种情况是虽埋设了套管，但因在楼板混凝土浇捣时，未能在套管四周充分密实振捣，而造成套筒四周较松散而渗水或套筒固定不牢，振捣时产生偏心移位，使套筒与给水管之间的空隙无法嵌入填充物而造成渗水。

上述情况的有效预防措施是，安装人员的预留孔位置必须准确无误，且牢牢固定住。在浇捣楼板混凝土时，督促土建人员留意预留孔位的振捣，有套管的，套管应高出建筑平面 30 mm；无套管的则应在二次浇捣预留洞细石时，采用洞口面翻边处理，每侧翻边宽度应大于 20mm，原板面洞侧面应凿毛处理后方可浇筑细石。建议卫生间、盥洗间板面，还是采用预埋套管为妥。

（二）具体的渗漏问题分析

1. PPR 管、塑料复合管管道、管件热熔接口渗漏

管道通水后，热熔管口管件出现渗漏，甚至管件脱落。这主要是由于在管道、管件热熔时，未按工艺的要求进行操作；热熔管道、管件热熔深度不够；支架固定间距过大，不牢固等。

主要的预防措施如下：

①管道安装中，应使用同一厂家、同一品牌的管材及管件。严禁不同品牌及不同厂家的产品混合使用。

②管材切断时，应使用专用工具切断，管口断面应垂直于管轴线。

③管口杂物应清理干净，热熔前应将管材、管件表面清理干净。

④配管后在管材插入端做出承插深度标记，并依据管径管件的规格，使用相匹配的热

熔模具。

⑤热熔时，应依据热熔技术要求的参数，控制好管材、管件的加热，冷却时间，在达到加热时间后，迅速将管材管件从加热磨具上取下，无旋转地均匀插入所标记的深度，使接头处形成均匀的凸缘。

⑥热熔连接时应一次到位，不得将管材、管件反复连续转动调整。

⑦管道支架固定间距应符合规范要求。

2. 丝扣阀门及可拆卸管件漏水

管道使用后，阀门阀杆、压盖及丝口管件滴漏水。主要原因是阀杆压盖内填料干燥松散，不密实；压盖未压紧；管件丝扣偏丝、断丝、砂眼等。

为避免丝扣阀门及可拆卸管件漏水可以采取如下措施：

①阀门安装前应对阀门进行抽检，进行水压测试，同时进行外观检查。

②阀门安装后，检查压盖内填料是否完好、紧密并严实，压盖是否紧固，手轮开启阀门是否灵活。

③可拆卸管件应无砂眼，丝扣无断丝、乱丝及偏丝现象。

④可拆卸管件内置密封垫无撕裂破损，放置应平整无扭曲，密封垫材质符合管内介质要求。

⑤管件紧固不得用力过猛。

3. 管道沟槽卡箍连接，卡箍接头渗漏

由于管道切割管口断面不平整，管口滚压沟槽深度及管口沟槽与卡箍内沟槽尺寸不符合要求，导致管道连接后，卡箍接头滴水渗漏，地面积水。

为了避免上述现象发生，我们可以采取如下预防措施：

①管道连接前，管口断面切割应平整与管材轴线垂直，管口应刮掉毛刺。

②管口滚压的沟槽深度、宽度，与卡箍沟槽的距离应符合卡箍连接的技术要求。

③卡箍内柔性胶圈应放置平整，不得扭曲变形及破损。

④卡箍螺栓紧固受力应均匀。

4. 阀门杆、压盖填料处渗漏

引起阀门杆、压盖填料处渗漏的原因主要有四点：一是阀门阀杆及压盖内填料干燥老化或松散；二是阀杆与填料间产生间隙，填料接触不严密，填料选用不恰当；三是压盖有砂眼，螺栓松动、滑丝；四是阀门启闭用力过猛。

为了避免上述渗漏现象发生，我们可以采取如下预防措施：

①阀门安装前，检查阀杆压盖是否紧密完好，压盖内填料是否干燥老化、松散。

②填料是否应与阀门的工作介质相适应。一般丝扣阀门压盖内填料为石棉绳，法兰阀门的填料为石棉油盘根。

③填料干燥老化，应重新更新更换填料，使填料紧密严实，填料的接缝处错开填满，同时对称压紧压盖。

④压盖螺母应拧紧，螺栓滑丝时，应更换螺栓，阀门开启应缓慢平稳。

5. 法兰盘连接渗漏

法兰盘连接处滴水渗漏，会使地面积水，损坏财物及人身安全。产生的原因主要有四点：一是法兰垫材质不符合要求；二是法兰密封面不符合要求；三是法兰垫放置错位不居中；四是法兰螺栓紧固受力不均匀。

预防法兰盘连接渗漏的措施有以下五点：

①法兰盘的公称压力应与法兰阀门的公称压力相匹配。

②法兰盘密封面的水槽、密封高度应符合相关的技术标准。

③法兰垫片材质依据管内介质选用。冷水采用橡胶板材质，热水、蒸汽采用石棉耐温板材质。

④法兰垫孔径不得大于或小于法兰盘、法兰阀门的内孔径，外径至法兰密封台边沿，且法兰垫应置于两片法兰盘之间，居中安放，无扭曲。通过法兰垫调节手柄进行调整，不得使法兰垫偏放于法兰孔中。

⑤紧固法兰螺栓时，应对称紧固，分次紧固，受力均匀。严禁依顺序紧固。

6. 地面下埋设供水管道渗漏

地面下埋设供水管道渗漏的主要表现有墙面返潮、地面积水、地板及墙缝处冒水。引起地面下埋设供水管道渗漏的原因主要有：第一，管道埋设前未认真进行水压试验及检查；第二，管道配件有裂缝及砂眼未及时发现；第三，管道支墩位置不正确、不牢固、受力不均匀；第四，管道回填土夯实未按要求程序进行，砖块石块填入造成管道破损，接口渗漏。

预防地面下埋设供水管道渗漏的措施主要有以下四点：

①管道回填土隐蔽前，必须按要求进行水压试验，认真检查接口有无渗漏，管道、管件有无裂缝砂眼；

②按设计要求做好管道的防腐处理，严禁金属管道进行丝扣连接；

③管道支墩间距符合要求且牢固，接口严实严密；

④管道回填土要分层夯实，不得将砖块石块填入夯实，回填土夯实密实度应符合规范要求。

二、供水管道堵塞问题及预防措施

（一）给水管道堵塞的原因

给水管道堵塞的原因不外乎以下三种：

1. 阀门失灵，阀门螺杆损蚀、折断；

2. 管内杂质太多，使冲洗自闭阀的进水针孔受堵；

3. 施工中一些人为因素造成的管内弃入物，而影响正常供水。

（二）给水管道堵塞的预防措施

1. 管道安装前，必须除尽管内杂物、勾钉和断口毛刺。对已使用过的管道，应绑扎钢丝刷或扎布反复拉拖，清除管内水垢和杂物。

2. 螺纹接口用的白漆、麻丝等缠绕要适当，不得堵塞管口或挤入管内。用割刀断管时，应用螺纹钢清除管口毛刺。

3. 管道在施工时须及时封堵管口。给水箱安装后，要清除箱内杂物，及时加盖。

4. 管道施工完毕后应按规范要求对系统进行水压试验和冲洗。

5. 管道堵塞后，用榔头敲打判断堵塞点，拆开疏通。若阀板脱落，拆开阀门修复或更换合格阀门装好。

三、给水管道和储水设备问题及解决措施

室内给水一般是采用水池和水箱联合的方式，然后在出水管道口加上消毒装置。在施工中由于疏于管理，往往导致消毒设备无法达到设计的效果。在施工中为了节约成本，生活储水设备和消防储水设备通常连用，消防储水设备中的水是不流通的水，时间长了会滋生细菌，再与生活储水设备中的水交叉，导致生活用水被污染。在给水管道的建设中，会有不符合规范的情况发生，导致给水管道和排污管道距离过小，带来二次供水的污染。

在给水管道的施工中应该严格按照要求进行设置，生活引入水管和污水排放管之间的距离要大于 1m，埋地生活水池要与污水井、化粪池等污水处理系统保持 0.5 m 以上的距离，给水管和排水管垂直净距不小于 0.15 m，水平净距不小于 0.5 m，在储水设备的设计上，要将生活储水设备和消防储水设备分开，水箱材料要选择不锈钢等不易腐蚀的材料，保证二次供水的水质。

四、供水管甩口不准及预防措施

管道安装过程中经常会遇到供水管甩口不准的情况。导致甩口不能满足管道继续安装

对坐标和标高的要求的主要原因是：①管道安装前，对管道整体安装考虑不周全；②管道安装后固定不及时、不牢固而发生其他工种施工对管道的碰撞移位；③墙面砌体及装饰装修施工偏差过大。

供水管甩口不准的预防措施有以下四方面：

1. 管道预留口时，应依据设计图纸并结合土建施工图纸对管道的留口标高、位置进行复核，同时进行二次优化设计；

2. 关键部位的留口位置应详细计算确定；

3. 根据土建施工中的轴线、装修尺寸变化及时调整确定；

4. 对已安装管道及时进行固定。

五、安装过程存在的问题及预防措施

（一）管道穿伸缩缝、沉降缝不符合要求

建筑物在发生伸缩、沉降时，管道扭曲变形或断裂，安装的管道达不到使用功能。其产生的原因主要有两点：①未按设计及规范要求施工；②对建筑物的沉降、伸缩及对安装管道的危害性认识不足。

预防措施：

（1）加装满足伸缩、沉降量的套管；

（2）伸缩缝、沉降缝两端管道安装柔性金属软管；

（3）在伸缩缝、沉降缝处加装方形补偿器，且水平安装。

（二）管道套丝丝扣不符合要求

套丝丝扣过长或过短，都是不行的，安装时要保证套丝丝扣锥度合适，无乱丝、断丝，否则会带来很多不必要的麻烦。

为了使管道套丝丝扣符合要求，我们需要做到以下三点：

（1）在管道套丝时，无论是手工或机械套丝，均应根据管径规格，选用相对应的套丝板牙，并按设备上的套丝操作标示，调整固定好板牙；

（2）套丝时不能一次完成，根据管径规格分2~3次完成套丝，套丝操作前管头应滴入机油；

（3）套丝丝扣长度应适宜，以管道连接后外露2~3丝扣为宜。

（三）阀门选型、安装不符合要求

1. 具体表现

①阀门未按用途要求选购。

②阀门安装错误，达不到使用功能。

③阀门安装后不便操作及维修。

2. 产生原因

①缺少阀门安装应用知识，对阀门的性能、使用功能、用途不了解。

②未考虑阀门安装后操作和维修。

3. 预防措施

①阀门选型应依据管内介质、压力、用途选用不同类型的阀门。

②一般情况下，截止阀起调节流量作用；闸阀、球阀起关闭作用；止回阀起防倒流作用。

③升降止回阀应水平安装，旋启式止回阀要保证阀内摇板旋转轴呈水平，减压阀直立安装在水平管上，不得倾斜。

④阀门安装时，阀体箭头所示应与介质流向一致。

⑤阀门的手轮应朝上，或45°倾斜，不得朝下，安装位置以不影响行人安全并便于操作和维修。

⑥立管上的阀门安装高度宜为 1.5～1.8 m 之间，水平干管阀门安装应不影响吊顶、装修及便于开启维修。

（四）水表安装不符合要求

1. 具体表现

①水表安装在明暗潮湿部位，造成配件生锈。

②紧贴墙面，表盖无法打开。

③不便读数、抄表及插卡，不方便维修。

2. 产生原因

①水表安装时，未考虑水表外壳几何尺寸及使用维修。

②水表支管与给水立管连接时，未加装弯头或采用"乙字弯"管段。

③水表安装位置不当造成配件生锈，接口渗漏，不便插卡及抄表。

3．预防措施

①水表不应安装在易冻、潮湿、阴暗、不便插卡及抄表部位，应安装在便于维修，插卡和抄表显眼的位置。

②当供水立管与水表支管连接时，支管上应加装两个45°弯头或采用"乙字弯"管段进行调整。

③水表外壳与装饰墙面有10~30 mm 的距离，距地坪的高度为600~1000 mm。

④水表与阀门之间还应有不小于8 倍的水表接口直径的管段距离。

（五）明装管道、成排管道安装不符合要求

1．具体表现

①管道不顺直、垂直度偏差大。

②成排管道管之间相互间距不一致，不平行。

③支架固定形式不统一。

2．产生原因

①管道安装时未使用测量工具吊线拉线。

②未进行管道的综合排布。

③支架的加工粗糙。

3．预防措施

①竖向管道的安装应采用线垂吊法测量，保证管道安装的垂直度。

②成排管道的安装应计算，画出安装大样图，管间距均匀一致，保温管与不保温管之间间距应协调，不得影响后期的维修。

③横向管道的安装应使用水平尺测量拉线定位安装支架、管道。

④当水平管与垂直管进行连接时，直线管段应保持同一间距，且管弯曲半径应一致。

⑤支架的形式、安装朝向一致，成排管道经排布尽量采用公用支架。

（六）冷热水管道安装不符合要求

1．具体表现

①管道错位安装，存在安全隐患。

②维修困难。

2．产生原因

①不熟悉施工验收规范。

②责任心不强，安装随意。

3. 预防措施

①安装冷热水管道时，如垂直安装，热水管应在左侧，冷水管应置于右侧。上下平行安装时，热水管在上边，冷水管在下边。

②管道平行安装，当冷热水龙头在同一高度时，冷水支管应采用弯头翻弯或煨压"元宝弯"进行处理。

（七）供水、排水管道平行、交叉，间距不符合要求

1. 具体表现

①两管间距离近，维修困难。

②生活水质污染。

2. 产生原因

①安装管道空间位置小。

②安装前未进行实际测量排布。

3. 预防措施

①管道安装前，参考管道平面布置图，结合现场实际情况进行计算，通过排布画出管道安装尺寸大样图。

②在不影响管道安装使用功能、装饰装修情况下，改变、调整管道的走向、标高及位置，报设计单位签字认可。

③在给水、排水管平行并排安装时，两管水平间距应不小于0.5 m。交叉安装时，垂直净距应不小于0.15 m。若给水管敷设排水管下方，则应在给水管道上加装套管，套管长度不小于排水管径的3倍。

第二节 室内排水系统常见问题及预防措施

一、排水管道堵塞问题及预防措施

建筑安装施工单位必须为用户提供符合使用功能的舒适、卫生、安全、方便的卫生器具。室内给排水工程交付使用后，因管道堵塞造成污水泛流，污染生活环境。而由于管道堵塞，管腔内充满水，使管内承受一定的水压，造成管道（特别是普通排水铸铁管）漏

水，给用户带来了很大的困扰。

室内排水管道堵塞是建筑安装工程施工中常见的一种质量通病，是管道安装与土建施工配合难以解决的老问题。

在土建与安装交叉施工中，管道被堵塞的事例很多，特别是卫生间排水管口与地漏更为严重。即使管道安装后，管口用水泥砂浆封闭，还往往被人打开，作为打磨水磨石地面或清洗、水泥找平地面的污水排出口。有的甚至从屋面透气管口、雨水斗落入木条、碎石、垃圾、砂浆等，以致造成管道的堵塞。轻者耗工疏通，重者凿打地面，返工拆除管道重新安装，这样既耗工耗料，又影响工期。有的排水管道管腔内已部分堵塞，在通水试水过程中未能及时发现，投入使用后，必然出现管道堵塞，影响用户使用。

为了避免交叉施工中造成管道堵塞现象，在管道安装前，必须认真疏通管腔，清除杂物，合理按规范规定正确使用排水配件；安装管道时，应保证坡度，符合设计要求与规范规定及排水管口采用水泥砂浆封口等措施外，还必须采取如下技术措施以防止管道堵塞：

①由于建筑结构需要，当立管上设有乙字管时，根据规范要求，应在乙字管的上部设检查口便于检修。

②当设计无要求时，应按施工及验收规范规定，连接两个及两个以上大便器或 3 个及 3 个以上卫生器具的污水横、管应设置清扫口，在转角小于 135° 的污水横管上，应设置检查口或清扫口。

③为了防止存水弯水封被破坏，而造成卫生器具内发生冒泡、满溢现象，严重影响使用，应采取如下措施：

a. 正压现象：污水立管的水流流速大，而污水横支管的水流流速小，在立管底部管道产生的压力大于大气压（正压值），这个正压区能使靠近立管底部的卫生器具内的水封遭受破坏。为此，污水管安装时，连接于立管的最低横支管与立管底部应保持一定的距离。当建筑层数为 4 层以下（含 4 层）时，其距离为 ≥450 mm；当建筑层数为 5 层、6 层时，其距离为 ≥750 mm。

b. 负压现象：卫生器具同时排水时，引起管内压力波动并在存水弯的出口处产生局部真空，当污水立管排流量较大时，在立管上部短时形成负压的抽吸作用，而造成水封破坏。为此，约束污水立管内产生的负压，污水立管宜采用粗糙管，对水封的保护较有利。

c. 自虹吸现象：自虹吸对存水弯水封的破坏是卫生器具排水时产生虹吸作用的结果。实践证明，增大污水横支管的坡度，有利于水封的保护。为此，污水横支管安装时，对于排水铸铁管宜采用国家《采暖与卫生工程施工及验收规范》中规定的"通用坡度"，不宜采用"最小坡度"；对于排水塑料管宜采用"标准坡度"，不宜采用"最小坡度"。

d. 毛细管作用：在存水弯的排出口一侧因向下挂有毛发类的杂物，由毛细管作用吸出存水弯中的水，使存水弯水封受到破坏。为此，存水弯安装完毕后，应采取临时封堵措施，防止存水弯内部被杂物堵塞。

④排水管道安装时，埋地排出管与立管暂不连接，在立管检查口管插端用托板或其他方法支牢，并及时补好立管穿二层的楼板洞，待确认立管固定可靠后，拆除临时支撑物，此管口应尽量避免土建施工时作为临时污水排出口。在土建装修基本结束后，给水明设支管安装前，对底层及二层以上管道做灌水试验检查，证实各管段畅通，然后用直通套（管）筒将检查口管与底层排出管连接。

⑤排水管道施工中，待分段进行排水管道灌水检验合格后，在放水过程中如发现排水流速缓慢，说明该水平支管段内有堵塞，应及时查明水平支管被堵塞部位，并将垃圾、杂物等清理干净。

⑥为了保证楼面地漏及屋面管口免受砂、石子、垃圾等掉落入排水管内，所有地漏及伸出屋面的透气管、雨水管口应及时用水泥砂浆封闭，并经常检查封闭的管口是否被土建工人拆开，一旦发现管口被拆开应及时采取有效措施，防止管道堵塞。

二、排水管道渗漏问题及预防措施

在给排水工程中，管道穿楼板、屋顶、墙面，卫生器具及其与管道的连接处、管道与管道的连接处等均有可能造成渗漏。渗漏现象小则污染室内环境，影响设备的正常运转及用户的正常使用；大则缩短建筑物的使用寿命，甚至造成建筑结构的安全隐患。渗漏的源头往往是给排水管道安装施工工艺不当及管道与土建工程结合部位工艺不当造成的。

（一）建筑排水管道渗漏原因分析

1. 功能设置不合理

在施工过程中有时为了片面节约造价在设有地漏或落地拖布池、洗衣机排水口等设施的楼地面不设防水层；降低厕所、浴室、盥洗间的防水泛起高度，造成地面渗漏和墙面洇水；在设计阶段，由于多数不能确定卫生器具型号和水距，设计人员往往根据标准图集来确定预留洞位置，安装卫生器具时再根据卫生器具的实际水距进行扩孔、移孔錾凿混凝土，待器具安装完成后用混凝土补洞，这样往往致使预留孔洞口四周的混凝土出现细小裂纹，形成漏水。

2. 管理不到位

施工过程中，土建与安装专业各自为政，图纸会审后没有制定留洞工序的技术质量保证措施。水电安装专业预留孔洞时位置不准或留洞模板浮搁、没有固定，造成预留孔洞挪位严重；补洞混凝土所用的原材料、配合比、坍落度等不符合要求，个别人员认为补洞部位是工程上的次要部位，做得好不好对工程质量影响不大，最终影响混凝土强度，防水工程完成后再发现各个甩口标高不对时又不能及时返工，使得地面捧水坡度坡向不符合设计和规范要求，经常出现倒坡现象或返工时没有处理好新旧之间的搭接，这样就进一步增加了渗漏的概率。

3. 施工方法不当

烟道、管井与地面交接处处理不当，经常按照一般补洞方法来处理；穿楼板的管道、地漏及套管四周缝隙未嵌实；未处理好管道与楼板四周交接处的局部防水；地面水泥池槽的捧水口或地漏周围与地面交接不严密，土建、安装专业不交圈；穿墙楼板套管的预留高度不够，穿越管道与套管之间未做密封填料处理。

4. 管材洁具材质不合要求

在材料选择上，部分给排水管材管件本身存在质量问题而引起管道破裂漏水，同时也把带有砂眼等质量问题的铸铁排水管混杂使用，导致漏水。

(二) 室内排水管道渗漏防治措施

管道安装前应逐根仔细地进行外观检测，注意是否有砂眼、裂痕，包括管件的承插口及存水管、检查口、清扫口等配件质量情况，发现有缺陷，或有疑虑，则可通水试验，要严防使用低价购入的劣质产品，如管壁过薄、内壁粗糙有裂痕、砂眼较多的产品，一旦发现坚决予以清退，否则隐患无穷。对于管道接口处不密实的预防措施是，施工安装人员除具有严谨的工作责任心、熟练的操作技能外，还应加强施工过程中的监督，如采用承插铸铁管连接口与管口时，四周间隙应匀称垂直，可先采用油麻丝均匀嵌入，随时调整垂直度，固定后采用水泥灰或石棉水泥堵头，严禁用水泥砂浆堵头，且周边匀称嵌实，根据管径尺寸，设置固定垂直、水平支架，以免管道偏心、变形而渗水；地下埋设的管道应设砖墩支撑，在回填土时应两侧同时回填，避免管道侧向变形，回填土前必须先做通水试验；若采用UPVC水管连接时，应注意胶水涂抹均匀，黏接应迅速，一旦黏接好，不得再随意旋转，管道长度较长时，应设置伸缩配件以避免温差变形，接口渗水。在卫生洁具排水连接处则应尽可能用柔性材料如油灰、环氧树脂衬填后再予以拧紧各部位，对于排水管预留口与给水管道预留口处理方法类似，只是地漏、污水坑管等套管不高于同层建筑平面30 mm。

三、排水管道连接问题及预防措施

(一)排水管道预留口不准

管道安装后,立管距墙过近或过远;预留口与卫生器具、设备的排水口实际安装尺寸不符,预留下水口与设备器具排水口无法连接;卫生间排水立管甩口未考虑到排水支管的坡度,这些都是排水管道预留口不准的表现。

导致排水管道预留口不准的原因有以下四点:

(1)管道安装前缺少对排水管道的整体排布;

(2)对卫生设备器具的几何尺寸不了解;

(3)土建墙体施工变化大、偏差大,在管道安装中对立管及预留口未及时地复核调整,造成留口不准,支管连接困难;

(4)卫生间排水横管安装时,未经仔细计算坡度值,未考虑到窗户、吊顶,造成甩口偏低。

为避免排水管道预留口不准的情况发生,我们可以从以下五点做起:

(1)施工前,应与土建配合并进行沟通,了解土建砌体墙、隔墙的位置和基准线的变化情况;

(2)依据设计要求及国家标准图集,掌握了解卫生器具的规格尺寸及距墙的尺寸、相互间的距离间隔,正确留出卫生器具的排水口位置;

(3)立管的位置、甩口应参见土建建施图及建筑物的实际变化情况,确定出准确的位置;

(4)排水横管安装应考虑房间的吊顶装修;

(5)管道安装前应有专项施工方案,并进行详细的技术交底。

(二)排水管连接、固定不符合要求

由于支架设置不正确,或者弯头选择不正确(采用90°弯头),导致排水立管在地下室与室外排水管连接时经常会有立管与排水管连接不正确,管道固定不牢固等情况出现。

按规定通向室外的排水管,穿过墙壁或基础必须下返时,应采用45°三通和45°弯头连接,并应垂直管段顶部设置清扫口。金属排水管道较重,要求吊钩或卡箍固定在承重结构上是为了安全。固定件间距则根据调研确定,要求立管底部的弯管处设支墩,主要防止立管下沉,造成管道接口断裂。

排水管连接、固定不符合要求的预防措施主要有以下三点:

（1）立管底部与排出管连接时应采用两个45°弯头连接；

（2）弯头之处在条件允许的情况下尽量采用砖砌支墩，支墩四周应抹平粉刷，形成整体，同时在支墩的上平面弯头处用水泥砂浆做成一个凹形槽，将弯头进行固定，严禁使用干砖堆砌；

（3）如无法采用砖砌支墩，可分别在距45°弯头30 cm处的立管和水平管上安装角钢支、吊托架。

（三）排水管道通向室外遇基础必须下返管道连接不符合要求

排水管道通向室外遇基础必须下返管道连接不符合要求会造成排水不顺畅，管道堵塞无法清通等情况。主要原因可能是管道翻弯使用了90°弯头或正三通，同时未安装地面清扫口。

为了杜绝排水管道通向室外遇基础必须下返管道连接不符合要求的情况出现，我们可以采取如下预防措施：

（1）立管与室外排水管连接时应用两个45°弯连接，不得直接用90°弯头；

（2）有基础必须下延时，排水横管与立管应使用斜三通，且横管与顶板距离不小于25 cm；

（3）在横管距排水立管25 cm处安装地面清扫口，以便管道的清通。

四、地漏水封问题及解决措施

国家规定地漏水封应该为50 mm，这种高度的防臭效果很好，但是我国很多建筑中的地漏不足50 mm，导致排水管道中的水分蒸发快，防臭效果很差。在地漏的设计上，有些建筑还会采用钟罩式结构，这种水封结构自净能力较差，很容易堵塞，并且污垢会在管道内积累，导致气味返回室内。在建筑给排水管道设计中，要尽量采用先进的地漏水封结构，如偏心块式、浮球式、吸铁石式等，这些结构能有效避免臭味回流和污物堵塞。另外，施工操作要符合国家规定，将地漏水封高度设置在50 mm，保证防臭效果良好。对于地漏管道的材料要严格控制，采用质量合格的铸铁、PVC、锌合金等材料，延长管道寿命。

第三节　室内卫生器具安装常见问题及预防措施

一、卫生器具管口甩口不准

室内卫生器具安装时经常会出现卫生器具供水、排水管口甩口不准的问题，造成供水管、排水管与卫生器具供排水管连接困难，成排器具间距不一。

造成这一结果的原因主要有两点：一是施工时未按照施工图进行；二是对卫生器具规格型号不了解。

根据《建筑给水排水及采暖工程施工质量验收规范》（GB 50242—2002）的要求，建筑给水、排水及采暖工程的施工应编制施工组织设计或施工方案，经批准后方可实施。

要想避免上述现象的出现，可以采取如下预防措施：

（1）供水、排水管预留口前，应认真查看施工平面图及卫生器具安装所采用的标准图集；

（2）熟悉、掌握所安装的卫生器具规格型号、几何尺寸；

（3）核对土建施工图中有关卫生器具安装的位置轴线、标准图集中的相关尺寸，确定供排水管预留口的标高坐标位置，并画出卫生器具安装尺寸的排列图；

（4）在器具安装中，应画线、测量及定位；

（5）编制专项施工方案，进行具有针对性的技术交底。

二、卫生器具安装不牢固

卫生器具安装不牢固也是室内卫生器具安装常见问题之一，主要表现为卫生器具使用后，器具松动不稳不牢固，影响使用；管道连接件损坏或漏水。

造成这一结果的原因主要有三点：一是对砌体墙材料性能不了解；二是支架制作选用错误；三是支架安装不牢固。

要想避免上述现象的出现，可以采取如下预防措施：

1. 卫生器具安装前，应在墙面、地面找准位置，并在墙体面画出支架的安装位置；

2. 剪力墙可采用膨胀螺栓固定支架；

3. 实心墙可用角钢支架或一端带丝圆钢栽埋法固定支架；

4. 轻质墙、空心砖砌体墙应制作落地式支架或采用夹板式穿心螺栓固定支架；

5. 支、托架的制作结构应符合规范标准及使用要求，型材有足够的刚度。

三、卫生器具渗漏问题

（一）大便器排水口与排水管接口连接渗漏

大便器是建筑给排水中最常见的室内卫生器具之一，家家户户都会用到，其常见的问题就是大便器使用后，接口渗漏导致地面积水。

造成这一结果的原因主要有三点：一是排水管甩口高度不够；二是排水管与大便器排水口错位；三是连接口不严密，没有密封。

要想避免上述现象的出现，可以采取如下预防措施：

（1）大便器排水口应与排水管口尺寸相匹配；

（2）排水管承口应高出地坪 10 mm，保证大便器排水管口插入排水管深度不小于 10 mm；

（3）坐便器出水口与排水管口应在同一中心，坐便器排水口插入排水管后，管口周边使用油灰抹口封堵，其底部与地坪面接缝用防水胶勾缝；

（4）蹲式大便器应在蹲便器两侧用砂浆水泥固定牢靠，两管连接缝隙应用油灰膏或1∶5的白灰水泥混合灰抹平；

（5）大便器安装时应用水平尺找平找正。

（二）蹲便器冲洗管与蹲便器进水口连接处渗漏

室内卫生器具经常会出现蹲便器冲洗管与蹲便器进水口连接处渗漏现象，造成蹲便台积水。造成这一结果的原因主要是皮碗破损和绑扎不正确。

要想避免上述现象的出现，可以采取如下预防措施：

（1）蹲便器进水口与冲洗管绑扎前，应检查橡胶皮碗质量是否合格，皮碗是否破损、无砂眼。

（2）胶皮碗绑扎时，冲洗管插入胶皮碗角度应合适。在胶皮碗大小两头绑扎时应分别采用14号铜丝缠绕2~3圈，对称分别拧紧或使用专用镀锌卡箍紧固，严禁使用镀锌铁丝绑扎。

（3）蹲便器进水接口连接处应填充干砂，上部加装活动盖板与蹲便台齐平，以便今后的检修。

（三）浴盆渗漏问题

浴盆如果安装不当经常会出现渗漏现象，如浴盆排水管与溢水管接口渗漏；浴盆排水管与预留排水管连接漏水，浴盆排水不顺畅由排水栓向盆内冒水，浴盆排水不尽，盆内有积水。

造成这一结果的原因主要有以下四点：

（1）浴盆安装后，未做盛水灌水试验；

（2）浴盆溢水管与排水管连接不严，密封垫破损或放置不平正，锁母未锁紧；

（3）浴盆排水管与预留排水管接口不正错位，管缝间隙小，封堵不严实；

（4）浴盆安装未找坡，水平安装。

要想避免上述现象的出现，可以采取如下预防措施：

（1）浴盆溢水管、排水管连接管应依据实物或浴盆几何尺寸图下料配管，排水横支管坡向预留排水管口。

（2）浴盆排水栓及溢水管、排水管接口应加装橡胶垫圈，橡胶垫圈不得破损、扭曲，应平整，并用锁母拧紧。

（3）浴盆排水短管与预留排水管接口准确，应有足够插入深度，接口封堵严实。

（4）浴盆安装固定时，应用水平尺测量，坡度坡向浴盆排水栓口方向，坡度不宜过大。

（5）浴盆挡墙砌筑前，应做好盛水、灌水试验，挡墙砌体时，应在排水预留管对应位置留有检修门，以便浴盆排水管道的清通检修。

（6）浴盆安装完后，应及时将排水栓口进行临时封堵，以防杂物、脏物进入管内，同时浴盆应进行覆盖，做好产品的保护工作。浴盆边沿与装饰墙面接缝处进行打防水密封胶处理。

（四）卫生器具排水接口渗漏

卫生器具排水接口渗漏经常会造成台面潮湿积水，墙面接触缝渗漏滴水，卫生器具使用后，排水接口渗漏导致地面积水。

造成这一结果的原因主要有：墙面不平整；器具与墙体接触面不严密；器具在盛水试验过程中，未认真检查接口情况。

要想避免上述现象的出现，可以采取如下预防措施：

（1）卫生器具安装固定后，其台面与墙体接触部位应严密严实，接缝处应打防水密封胶，进行勾缝处理。

（2）在器具盛水试验中，应认真观察液面的波动情况，同时检查接口及各连接件是否渗漏。盛水时间应符合规范要求。

第四节　建筑给排水综合性问题的解决对策

一、高层住宅管道渗漏问题

给排水工程是建筑工程的组成部分之一，室内给排水管道的安装难度虽然不是很大，但是由于施工人员的技术水平和工作认真程度将会直接影响其安装质量，而且在建筑工程质量问题中由于管道渗漏引起的质量问题越来越多，对企业的经济效益也产生了一定影响，同时也影响了业主的使用便利程度和幸福感。

结合施工现场实际情况和已完工程反馈情况分析，高层住宅给排水工程常见的管道渗漏部位主要有管道接口处，立管穿楼板时套管与楼板接缝处，管道连接弯头处等。

（一）高层住宅给排水管道渗漏问题产生的原因

根据建筑工程施工生产要素质量控制的方法，从"工""料""机""法""环"五方面探讨高层住宅给排水工程产生管道渗漏的原因。

1. 安装技术工人的工作态度不端正和工作方式不得当，没有按照规范和程序施工。安装技术工人操作不熟练或操作不当都会引起渗漏，比如，需要套丝的金属管道在套丝接口时断丝或缺口大于丝口总长的10%；丝口长度不足或缠绕生料带、油麻丝不足或不均匀；焊接管道时焊缝不到位，造成开裂发生渗漏；等等。管道连接时忘记涂胶水，承插接口插入深度不够，塑料管道没有按设计要求设置伸缩节等也会引起渗漏。

2. 由于主材管道、弯头、三通和阀门等本身质量不合格或在运输过程、装卸、组装等过程中发生损坏，未经严格检查就应用在工程中引起渗漏。现在建筑材料市场上管道品种繁多，各种品牌、材质之间的兼容性日益增大，所以，在建筑施工的过程中因为选用不匹配的管件及附件也可能引起渗漏。

3. 施工过程中所使用的套丝机、电焊机等机械本身存在损伤，也会埋下管道渗漏的隐患。

4. 施工过程中所采用的施工方法不正确，对有些问题的处理方式不清楚都会造成给排水工程渗漏。比如，管道穿楼板时不设套管；套管的大小及长度不符合规范要求；土建施工时没有预留孔洞，在进行立管安装时临时开凿，造成孔洞位置不准确或大小不符合规范要求。这些都可能引起渗漏。工程竣工后未做灌水试验或试验不符合规范要求也会引起渗漏。

5. 部分施工现场杂乱无章，对已完成的工程成品保护不到位，会对已完成的给排水工程造成二次伤害，造成管道渗漏。

（二）高层住宅给排水工程管道渗漏问题防治措施

1. 施工前，工程技术人员要熟悉图纸。对设计意图和流程要弄清，同时对图纸中选用管材的特性和连接方式等都要进行熟悉；对施工过程中需要与其他专业工程配合的步骤要进行汇总登记，在施工过程中及时与其他专业工程进行沟通。给排水施工人员要选用有一定操作技能和操作经验的人员，加强施工人员的素质培养以确保工程质量，如在管道套丝时做到管道锯口平整，切口与管子中心垂直，丝口清晰；管道丝口应略呈圆锥状，衔接时严密并外露两牙，丝口缠绕适量、均匀。

把工程责任分到个人，实行质量负责制和奖罚管理，使施工人员在工作过程中对自己负责，从而达到对企业负责的目的，这样不仅提高了施工人员的工作积极性，同时也提高了给排水工程的安装质量。

2. 原材料控制。选用管材时要严格控制，严格按照图纸要求选用质量合格的产品，杜绝不合格产品应用于工程中。同时材料进场后要做好检验及保管工作，避免对产品造成二次损害，施工前要对产品外观进行严格检查，注意产品是否有无砂眼、裂痕，包括管件的承插口及存水弯、检查口等配件的质量情况，发现有问题的管材及时清除出场，避免隐患。

3. 施工机械设备是所有施工方案和方法得以实施的重要物质基础。针对给排水施工的特点，常用机械主要有套丝机和电焊机等，在进行施工前要对施工机械进行全面检查，比，说检查套丝机的板牙是否有破损，如若有破损要及时进行更换维修，以免管道丝口不均匀或断丝造成管道接口渗漏。作业后应切断电源，清理干净铁屑，锁好电闸箱，并做好日常保养工作。

4. 施工工艺的先进合理与否直接影响工程质量，在工程项目质量控制体系中，制定和采用技术先进、经济合理、安全可靠的施工技术工艺，是施工质量控制的重要环节。比如，遇到管道穿越楼板时，及时与土建单位联系，根据图纸要求事先预留孔洞，在套管与管道间用阻燃密实材料填实。这样可消除管道因纵向变形导致的管道与楼板间产生缝隙，避免渗漏。同时，安装在楼板内的套管，其顶部应高出装饰地面 20 mm；安装在卫生间及厨房内的套管，其顶部应高于装饰地面 50 mm。管道堵洞时用细石混凝土进行封堵，内加适量的防水剂和膨胀剂，完成后的混凝土要略低于楼板面，避免堵洞的混凝土"鼓包"，同时也减小剔凿"鼓包"时误伤管道。

对于隐蔽或埋地的排水管道在隐蔽前必须做灌水试验，并严格按照规范进行。灌水高度不低于底层卫生器具上边缘或底层地面高度，满水 15 min 水面下降后，再灌满观察 5 min，液面不降，管道及接口无渗漏为合格。对于高层给排水施工来说，应该做到分层试验，以便发现问题及时修理。

5. 在施工过程中，遇到安装中断期间，对于管道的断口处要用麻袋紧箍好，避免石块、砂浆等进入管道，停留在弯头、三通处堵塞管道，致使排水压力增大造成渗漏。

对于已经施工完成的管道应做好保护措施。管道安装后，应和其他工种的作业人员加强沟通，在给排水管道和其他管道交叉处做出标记，避免其他工种施工时对管道造成损害。要制定人员定期巡检制度，发现问题及时维修。

二、安装材料、设备质量不符合要求

《建筑给水排水及采暖工程施工质量验收规范》（GB 50242—2002）明确规定：

1. 建筑给水、排水及采暖工程所使用的主要材料、成品半成品、配件、器具和设备必须具有中文质量合格证明文件，规格、型号及性能检测报告应符合国家技术标准或设计要求。进场时应做检查验收，并经监理工程师核查确认。

2. 进场的主要器具和设备应有安装使用说明书是抓好工程质量的重要一环。调研中了解到器具和设备在安装上不规范、不正确的安装满足不了使用功能的情况时有出现，运行调试不按程序进行导致器具或设备损坏，所以增加此内容。在运输、保管和施工过程中对器具和设备的保护也很重要，措施不得当就有损坏和腐蚀情况。

然而，在建筑给排水施工中经常会出现工程质量不合格，达不到使用功能的现象，出现这种情况就需要返工修理，这样会造成人力、财力资源的浪费，如果不进行返工修理很可能会引起质量事故。

造成这一结果的主要原因包括以下三点：

1. 施工方以降低工程成本为由，选用非标材质及不合格设备；

2. 材料、设备进场时，施工方未认真进行质量检查、验收；

3. 施工方未按设计要求，采购相关的材料设备，选用替代产品。

为了避免这些问题的出现，我们可以采取如下预防措施：

1. 工程所用材料、设备应符合国家或行业颁发的现行质量技术标准；

2. 材料设备进场应逐一进行检查验收，核查生产厂家的检测报告、产品说明书、产品清单；

3. 查验有检测资质方对产品的检测、鉴定、结论报告；

4. 现场材料、设备的检查、验收应经工程监理的核查确认，并形成记录。

三、管道孔洞预留与管道焊接问题

（一）管道孔洞预留不准

预留孔洞是指建筑施工时，建筑主体为供水、暖气等设施管道的埋设预留的孔洞。在一些大型机械的安装方面，地基上的预留孔洞也发挥了重要的功能作用。如果预留孔洞不正确，管道安装时就需要重新砸孔洞，这样会破坏主体结构及墙体。

在建筑施工时由于操作人员责任心不强，对土建的结构、墙体轴线、装饰面了解不够，未结合设计图纸及管径的大小计算确定预留孔洞的标高坐标及距墙的尺寸位置造成了管道孔洞预留不准的结果。

为了避免这种情况的出现，我们可以采取如下预防措施：

1. 施工人员应认真熟悉图纸，掌握设计意图，了解工艺原理，并编制管道安装施工方案；

2. 与土建施工人员进行沟通，依土建墙体的轴线对所安装的管道，确定出孔洞预留的位置、标高、大小；

3. 当土建在板墙钢筋绑扎、墙砌体时，计算测量出的孔洞位置的标高中心点，并将预制加工好的套管（木模盒）固定在孔洞预留位置，并进行固定；

4. 在混凝土浇筑过程中，由专人配合跟踪检查并进行孔洞位置的复核。

（二）管道焊接问题

1. 管道焊接不符合要求

在管道焊接过程中，容易出现管道焊接后不在一条中心直线上，焊缝的宽度、高度不符合质量要求等情况。造成这一结果的主要原因是焊接时没有对准管口，出现接口错位现象。有时也会因为对口未留间隙，造成管口管壁无坡口。

为了避免这种情况的出现，我们可以采取如下预防措施：

①DN40 以上的焊接管、无缝管，管口应进行坡口；

②管口焊接时应用水平尺进行测量，且两管口之间留有一定间隙，焊接时使两管在同一中心轴线；

③焊接人员应持证上岗操作，焊缝的高度、宽度应符合规范要求。

2. 焊接管焊口渗漏

给排水设施在使用过程中，管道焊口处经常会出现渗漏现象。造成管道焊口渗漏的因素归结起来可以概括为三点：一是人为因素，由于作业人员未经过正规培训，无证上岗，造成焊接质量问题；二是焊接过程中操作不当，如焊条使用不当，电流调配不正确等；三是焊后焊缝未及时防腐处理。

为了避免这种情况的出现，我们可以采取如下预防措施：

①确保操作人员持证上岗。

②在管道焊接前，按规定对管口进行坡口处理，同时依据管径大小在连接管之间留一定间隙。

③依据管径的大小选用适宜的电焊条，电焊条应保持干燥。电焊机电流的大小应随管径大小、焊条的规格调整电流，在焊接中，不得出现夹渣咬肉现象。

④焊后应及时敲掉焊渣、药皮，并进行防腐处理。

四、支、吊架问题与管道敷设问题

（一）支、吊架问题

1. 管道支、吊架质量不符合要求

在管道投入使用后，支、吊架损坏，脱落等现象会给人带来很大的麻烦，造成这一结果的原因主要有两点：一是未按设计要求及标准图集制作安装支、吊架；二是支、吊架间距不符合要求，固定不牢固。

为了避免这种情况的出现，我们可以采取如下预防措施：

①支架的制作结构应合理，其承载力安全可靠；

②较大管道，成排管道的共用支架，承载负荷应通过精确的计算，确保管道所需的承载力；

③支、吊架的安装固定，应视建筑物的主体结构，采用不同的固定方式，固定应牢固。

2. 管道支架固定方法不当，安装不牢固

由于支架固定方法不正确，不符合要求，管道投入使用后，导致支架出现松动变形，有时候由于外力作用也会使支架松动，造成支架不受力。《建筑给水排水及采暖工程施工质量验收规范》（GB 50242—2002）对管道支、吊、托架的安装做出了明确规定：

（1）管道支、吊、托架的安装位置应正确，埋设应平整牢固；

（2）固定支架与管道接触应紧密，固定应牢靠；

（3）滑动支架应灵活，滑托与滑槽两侧间应留有 3~5 mm 的间隙，纵向移动量应符合设计要求；

（4）无热伸长管道的吊架、吊杆应垂直安装；

（5）有热伸长管道的吊架、吊杆应向热膨胀的反方向偏移；

（6）固定在建筑结构上的管道支、吊架不得影响结构的安全。

为了避免管道支、吊、托架松动的出现，我们可以采取如下预防措施：

①支架的间距必须依据管径的大小，按规范的要求确定位置安装，使管子平稳地固定架设在支架上，使每个支架都能均匀受力。

②有热位移的管道，管道支、吊架应在伸缩器预拉伸前安装，吊杆应倾斜，其倾斜方向与位移方向相反。无热位移的管道在使用吊架吊杆支架时，吊杆应垂直安装，吊杆的长度应能调节。

③支架的安装固定应视管径的大小安装位置采用不同的支架形式，支架形式可采用"一"字形、"门"字形、"一"字斜撑型、共用支架等吊、托方式。

④在管道使用后发现支架松动脱落，应修整加固或重新安装。

3. 砌体墙支架栽埋不符合要求

砌体墙支架栽埋不符合要求主要表现为管道、设备、器具投入使用后，支架不受力，达不到使用功能。造成这一结果的原因主要是：①支架的固定、栽埋方法不正确，埋设深度不够；②栽埋支架内填充物不密实；③砖墙采用膨胀螺栓。

为了避免这一现象的出现，我们可以采取如下预防措施：

①支架埋入墙体的深度不小于 12 cm。

②支架栽埋不得使用干砂灰、碎砖块作填为充物，且严禁使用木块挤夹支架。

③在支架栽埋时，孔洞内应采用细石混凝土或水泥砂浆填充孔洞，并进行捣实养护，确保支架的牢固性。

④砖墙禁用膨胀螺栓固定支架。若发现支架有松动脱落时，应及时进行修整加固或重新安装支架。

4. 砌体墙、轻质墙支架安装不符合要求

砌体墙、轻质墙支架安装不符合要求主要表现为支架的固定采用膨胀螺栓，造成支架松动、脱落。

造成这一结果的原因主要是：①未按图集、工艺要求加工、安装支架；②对支架使用的重要性认识不够。

为了避免这一现象的出现，我们可以采取如下预防措施：

①砌体砖墙上的支架必须采用栽埋式的方法进行固定；

②砌体空心墙、轻质墙支架的固定须采用穿心钢筋夹板焊接方式，即圆钢一端套丝配螺母，另一端焊接一块扁钢，将套丝一端圆钢穿过墙体，用两块扁钢夹紧于墙体，然后另行制作支架焊接于墙体扁钢上；

③膨胀螺栓固定支架仅限于混凝土结构中的梁、柱、板墙中。

5. 型钢支、吊架电气焊开孔

由于施工人员质量意识不强，图省事，在施工过程中，用电气焊对用于固定 U 形卡环的型钢开孔，造成螺母紧固不牢。为了避免这一现象的出现，我们需要在确定出支架的形式后，依据管径卡环的圆钢直径，在型材上画线定位，使用相匹配的钻头在台钻上打孔，孔口应平整光滑。

6. 管道、支架刷面漆不符合要求

由于管道、支架刷面漆不符合要求，经常会出现金属管道、支架表面产生锈斑、龟裂、起皮现象。有时候在靠墙面及接近地面的地方还会出现油漆漏刷现象。造成金属支架表面产生锈斑、龟裂、起皮等现象的原因有：①管道支架外表面污垢、铁锈未清除干净；②防锈漆涂刷不均匀、漏刷。

为了避免这一现象的出现，我们可以采取如下预防措施：

①焊接管、型材在使用前，应对表面脏物进行清除，锈斑、铁锈应使用钢丝刷反复擦刷，并用棉纱抹去污锈；

②管道型材在除锈后应及时涂刷底漆或防锈漆；

③工程完工后，按设计要求涂刷面漆时，刷漆均匀，浓度适当，沿同一方向涂刷，涂刷中用力均匀，油漆不得坠流；

④对于不便涂刷的靠墙、靠地面管道、支架应采用镜子反照，用小油漆刷进行刷漆，以避免油漆的漏刷。

（二）管道敷设问题

1. 供水、排水管道出外墙或地下构筑墙体无套管

根据《建筑给水排水及采暖工程施工质量验收规范》（GB 50242—2002）的要求，地下室或地下构筑物外墙有管道穿过的，应采取防水措施。对有严格防水要求的建筑物，必须采用柔性防水套管。

由于供水、排水管道出外墙或地下构筑墙体无套管，经常会造成墙体潮湿，室外积水渗漏室内，管道维修破坏外墙防水等现象。造成上述现象的原因主要有两点：一是未按要求预埋穿墙套管；二是无单独的管道防水地沟。

为了避免这一现象的出现，我们可以采取如下预防措施：

①供水、排水管道出外墙或地下构筑物墙体时，必须预埋排出管道的套管，套管分刚性套管和柔性套管，对防水要求严格的外墙构筑物房间，墙体应预埋柔性套管；

②预埋在墙体内的套管标高、位置应准确，固定牢固，刚性套管管内环缝应采用防水材料封堵密实；

③一般建筑物出外墙供水排水管道应有单独防水地沟，地沟内管道安装完后，在外墙处应有防室外积水流入室内的防水隔挡措施；

④外墙防水施工完后，如须再次安装管道，必须有对管道、墙体的防水、防渗漏补救措施。

2. 地下室混凝土剪力墙出外墙管道、套管漏水

地下室或地下构筑物外墙有管道穿过的，应采取防水措施。对有严格防水要求的建筑物，必须采用柔性防水套管。由于管道、套管周围混凝土振捣不密实，刚性套管穿墙体未焊止水环，对防水要求较严的剪力墙未预埋柔性套管等因素造成地下室混凝土剪力墙出外墙管道、套管漏水的现象也是非常常见的问题。

为了避免这一现象的出现，我们可以采取如下预防措施：

①在混凝土剪力墙钢筋网片绑扎时，依据管道的标高位置，确定出预埋套管的标高位置中心点。

②刚性套管应在套管长度的中间，双面施焊宽度大于 10 cm 以上的钢板止水环。当混凝土墙厚度超过 50 cm 时，应焊两道止水环。

③对防水要求较严的墙体，应预埋柔性套管。

④套管的固定应采用"井"字形，将"井"字形的钢筋分别施焊在钢筋网片的主筋上。

⑤在钢筋网片上浇筑混凝土时，应派专人负责监管，以保证套管的标高位置的准确、不移位，以及套管周边混凝土振捣的密实度。

⑥对于刚性防水套管，套管与管道的环形间隙，中间部位填放拧紧油麻夯实，两端用石棉水泥捻打密实。

3. 穿楼板预埋套管不符合要求

穿楼板预埋套管不符合要求的表现主要有套管出楼板高度不统一，套管周边滴水渗漏等。造成这一结果的主要原因是：①套管的长度下料不准；②套管在补洞封堵时，混凝土封堵不密实。

为了避免这一现象的出现，我们可以采取如下预防措施：

①套管下料的长度，应依据板层、垫层、装饰板等厚度合并计算，确定套管长度。一般套管高出装饰地面 2 cm，卫生间套管高出装饰地面 5 cm，套管底部与楼板底面齐平。

②套管在补洞封堵前，套管周边混凝土应凿毛糙，并洒水清除混凝土浮砂石。

③在吊支模后，采用细石混凝土浇灌，并用钢筋振捣密实，细石混凝土浇筑应分两次进行。

④卫生间的套管在土建防水施工完成后，不得再次进行套管的安装，以避免破坏防水层使套管周边板面渗漏。

4. 套管内管道环缝不均匀

由于管道安装后，套管内管道未及时进行检查固定，可能会出现套管的管道环缝不均匀现象。套管内管道环缝不均匀的主要表现为套管内管道不居中，环缝间隙偏差大。

根据《建筑给水排水及采暖工程施工质量验收规范》（GB 50242—2002）的规定：管道穿过墙壁和楼板，应设置金属或塑料套管。安装在楼板内的套管，其顶部高出装饰地面 20 mm；安装在卫生间及厨房内的套管，其顶部应高出装饰地面 50 mm，底部应与楼板底面相平；安装在墙壁内的套管其两端与饰面相平。穿过楼板的套管与管道之间缝隙宜用阻燃密实材料填实，且端面应光滑。管道的接口不得设在套管内。

为了避免套管内管道环缝不均匀现象的出现，我们可以采取如下预防措施：

①安装的管道穿入套管后，应及时校正管道与套管环缝间隙，套管与所安装的管道同心；

②在套管与管道调整校正后，应及时对套管及套管内管道进行固定；

③套管内环缝采用油麻塞填，环缝上下石棉水泥封堵，上部与套管口齐平；

④在吊补套管洞口时，要保证套管不移位并观察套管内的环缝间隙均匀。

第五章

建筑给排水质量控制管理

第一节　工程质量管理概述

一、质量管理相关概念

（一）产品

产品是指过程的结果。过程是指一组将输入转化为输出的相互关联和相互作用的活动。通用的产品分四大类，即硬件、软件、流程性材料和服务。许多产品由不同类别的产品构成，服务、软件、硬件或流程性材料的区分取决于其主导成分。

（二）质量

《质量管理体系基础和术语》（GB/T 19000—2016）将质量定义为：质量是指一组固有特性满足要求的程度。

所谓固有的，是指在某事或某物中本来就有的，尤其是那种永久的特性。

特性是指可区分的特征。特性可以是固有的或赋予的，也可以是定性的或定量的。特性又有不同的类别，如物理的（如机械的、电的、化学的或生物学的特性）、感官的（如嗅觉、触觉、味觉、视觉、听觉）、行为的（如礼貌、诚实、正直）、时间的（如准时性、可靠性、可用性）、人体工效的（如生理的特性或有关人身安全的特性）和功能的（如飞机的最高速度）。

所谓要求，是指明示的、通常隐含的或必须履行的需求或期望。"通常隐含"是指组织、顾客和其他相关方的惯例或一般做法，所考虑的需求或期望是不言而喻的。特定要求可使用修饰词表示，如产品要求、质量管理要求、顾客要求；规定要求是经明示的要求，如在文件中阐明；要求可由不同的相关方（顾客、所有者、员工、供方、银行、工会、合作伙伴或社会）提出。当然，要求是随时间变化的。这是因为人们对质量的要求不可能停留在一个水平上，它要受社会、政治、经济、技术、文化等条件的制约。这个定义，既包括有形的产品，也包括无形的产品；既包括满足现在规定的标准，也包括满足用户潜在的需求；既包括产品的外在特征，也包括产品的内在特性。

（三）质量管理

质量管理是指在质量方面指挥和控制组织的协调活动。

任何组织都要从事经营并要承担社会责任，因此，每个组织都要考虑自身的经营目标。为了实现这个目标，组织会对各个方面实行管理，如行政管理、物料管理、人力资源管理、财务管理、生产管理、技术管理和质量管理等。实施并保持一个通过考虑相关方的需求，从而持续改进组织业绩有效性和效率的管理体系可使组织获得成功。

质量管理是组织各项管理内容中的一项，质量管理应与其他管理相结合。

（四）质量管理体系

质量管理体系是指在质量方面指挥和控制组织的管理体系。

体系指的是"相互关联或相互作用的一组要素"。其中的要素指构成体系或系统的基本单元。

管理体系指的是"建立方针和目的，并实现这些目标的体系"。管理体系的建立首先应针对管理体系的内容建立相应的方针和目标，然后为实现该方针和目标设计一组相互关联或相互作用的要素（基本单元）。

对质量管理体系而言，首先要建立质量方针和质量目标，然后为实现这些质量目标确定相关的过程、活动和资源以建立一个管理体系，并对该管理体系实行管理。质量管理体系主要在质量方面能帮助组织提供持续满足要求的产品，增进顾客和相关方的满意。

（五）工程质量

工程质量是指工程产品满足社会和用户需要所具有的特征与特性的总和，其不仅包括工程本身的质量，而且还包括生产量、交货期、成本和使用过程的服务质量，以及对环境和社会的影响等。

（六）工序质量

工序质量是指生产过程中，人、机器、材料、施工方法和环境等对施工作业技术和活动综合作用的过程，这个过程所体现的工程质量叫工序质量。

（七）工作质量

工作质量是指参与工程的建设者，为了保证工程的质量所从事工作的水平和完善程度。

工作质量包括：社会工作质量，如社会调查、市场预测、质量回访等；生产过程工作质量，如政治思想工作质量、管理工作质量、技术工作质量和后勤工作质量等。工程质量的好坏是建筑工程在形成过程中各方面、各环节工作质量的综合反映，而不是单纯靠质量检验检查出来的。要保证工程质量就应要求有关部门和人员精心工作，对决定和影响工程质量的所有因素严加控制，即通过工作质量来保证和提高工程质量。

二、工程质量管理的重要性与影响因素

（一）工程质量管理的重要性

随着改革开放的不断深入和发展，我国的建筑工程质量和服务质量的总体水平不断提高。质量管理工作已经越来越为人们所重视，企业领导清醒地认识到了高质量的产品和服务是市场竞争的有效手段，是争取用户、占领市场和发展企业的根本保证。但是与国民经济发展水平和国际水平相比，我国的质量水平仍有很大差距。国际标准化组织（ISO）于1987年发布了通用的 ISO 9000《质量管理和质量保证》系列标准，并得到了国际社会和国际组织的认可和采用，已逐步成为世界各国共同遵守的工作规范。因此，从发展战略的高度来认识质量问题，质量已关系到国家的命运、民族的未来，质量管理的水平已关系到行业的兴衰、企业的命运。

作为建设工程产品的工程项目，投资和耗费的人工、材料、能源都相当大，投资者付出巨大的投资，要求获得理想的、满足适用要求的工程产品，以期在预定时间内能发挥作用，为社会经济建设和物质文化生活需要做出贡献。如果工程质量差，不但不能发挥应有的效用，而且会因质量、安全等问题影响国计民生和社会环境的安全。

建筑施工项目质量的优劣，不但关系到工程的适用性，而且还关系到人民生命财产的安全和社会安定。因为施工质量低劣，造成工程质量事故或潜伏隐患，其后果是不堪设想的。所以，在工程建设过程中，加强质量管理，确保国家和人民生命财产安全是施工项目管理的头等大事。

工程质量的优劣，直接影响国家经济建设的速度。工程质量差本身就是最大的浪费，低劣的质量一方面需要大幅度增加返修、加固、补强等人工、器材、能源的消耗；另一方

面还将给用户增加使用过程中的维修、改造费用。同时，低劣的质量必然缩短工程的使用寿命，使用户遭受经济损失。此外，质量低劣还会带来其他的间接损失（如停工、降低使用功能、减产等），给用户造成浪费，损失将会更大。因此，质量问题直接影响着我国经济建设的速度。对建筑施工项目经理来说，把质量管理放在头等重要的位置是刻不容缓的。

（二）工程质量的影响因素

影响工程质量的原因很多，一般归纳为偶然性原因和异常性原因两类。

偶然性原因是对工程质量经常起作用的原因，如取自同一合格批的混凝土，尽管每组（个）试块的强度值在一定范围内有微小差异，但不易控制和掌握，只能从整体上用方差、离散系数和保证率等综合性指标来判断整体的质量状况。偶然性原因一般是不可避免的，是不易识别和预防的（也可能采取一定技术措施加以预防，但在经济上显然不合理），所以，在工程质量控制工作中，一般都不考虑偶然性原因对工程质量波动影响。偶然性原因在质量标准中是通过规定保证率、离散系数、方差、允许偏差的范围来体现的。

异常性原因是那些人为可以避免的，凭借一定的手段或经验完全可以发现与消除的原因，如调查不充分，论证不彻底，导致项目选择失误；参数选择或计算错误，导致方案选择失误；材料、设备不合格，施工方法不合理，违反技术操作规程等都可能造工程质量事故等，都是影响工程质量的异常性原因。异常性原因对工程质量影响化较大，对工程质量的稳定起着明显的作用。因此，在工程建设中，必须正确认识它，充分分析它，设法消除它，使工程质量各项指标都控制在规定的范围内。

异常性原因在工程质量上的表现是其结果导致某些质量指标偏离规定的标准。影响工程建设质量的异常性原因很多，概括起来有人（Man）、机（Machine）、料（Material）、法（Method）、环（Environment）五大因素，简称"4M1E"。

1."人"的因素

任何工程建设都离不开人的活动，即使是先进的自动化设备，也需要人的操作和管理。这里的"人"不仅是操作者，也包括组织者和指挥者。由于工作质量是工程质量的一个组成部分，而工作质量又取决于与工程建设有关的所有部门和人员。每个工作岗位和每个工作人员的工作都直接或间接地影响着工程项目的质量。人们的知识结构、工作经验、质量意识，以及技术能力、技术水平的发挥程度，思想情绪和心理状态，执行操作规程的认真程度，对技术要求、质量标准的理解、掌握程度，身体状况、疲劳程度与工作积极性等都对工程质量有不同程度的影响。为此，必须采取切实可行的措施提高人的素质，以确保工程建设质量。

2."机"的因素

"机"是指工程建设的机械设备，在工程施工阶段就是施工机械，它是形成工程实物质量的重要手段。随着科学技术和生产的不断发展，工程建设规模越来越大，施工机械已成为工程建设中不可缺少的设备，用来完成大量的土石料开采、运输、填筑和碾压、混凝土拌和、运输和浇筑等工作，代替了繁重的体力劳动，加快了施工进度。同时，施工机械设备的装备水平，在一定程度上也体现了对工程施工质量的控制水平。

在选择施工机械设备型号和性能参数时，应根据工程的特点、施工条件，并考虑施工的适用性、技术的先进性、操作的方便性、使用的安全性、保证施工质量的可靠性和经济上的合理性，同时要加强对设备的维护、保养和管理，以保持设备的稳定性、精度和效率，从而保证工程质量。

3."料"的因素

"料"是投入工程建设的材料、配件和生产所需的设备等，是构成工程的实体。所以，工程建设中的材料、配件和生产用设备的质量直接影响着工程实体的质量。因此，必须从组织上、制度上及试验方法和试验手段上采取必要的措施，对建筑材料在选购前一定要进行试验，确保其质量达到有关规定的要求；对采购的原材料不仅要有出厂合格证，还要按规定进行必要的试验或检验；生产用的配件、设备是使工程项目获得生产能力的保证，不仅其质量要符合有关规定，而且其型号、参数等的选择也要满足有关规定的要求，以便为最终形成工程实物质量打下良好的基础。

4."法"的因素

"法"就是施工方法、施工方案和施工工艺。施工操作方法正确与否、施工方案选择是否得当、施工工艺是否先进可行都对工程项目质量有直接影响。为此，在严格遵守操作规程，尽可能选择先进可行的施工工艺的同时，还要针对施工的难点、重点，以及工程的关键部位或关键环节进行认真研究和深入分析，制订出安全可靠、经济合理、技术可行的施工技术方案，并付诸实施，以保证工程的施工质量。

5."环"的因素

"环"即是环境。影响工程项目建设质量的环境因素很多，主要有自然环境，如地形、地质、气候、气象、水文等；劳动环境，如劳动组合、劳动工具、作业面、作业空间等；工程管理环境，如各种规章制度、质量保证体系等；社会环境，如周围群众的支持程度、社会治安等。环境的因素对工程质量的影响复杂而多变，对此要有足够的预见性和超前意识，采取必要的防范与保护措施，以确保工程项目质量目标的实现。

三、施工单位的质量责任和义务

根据《建设工程质量管理条例》和《建筑法》的规定，施工单位在质量方面有如下责任和义务：

1. 应当依法取得相应等级的资质证书，并在其资质等级许可的范围内承揽工程。禁止超越本单位资质等级许可的业务范围或者以其他施工单位的名义承揽工程；禁止允许其他单位或者个人以本单位的名义承揽工程；不得转包或者违法分包工程。

2. 对建设工程的施工质量负责。应当建立质量责任制，确定工程项目的项目经理、技术负责人和施工管理负责人。

建设工程实行总承包的，总承包单位应当对全部建设工程质量负责；建设工程勘察、设计、施工、设备采购的一项或者多项实行总承包的，总承包单位应当对其承包的建设工程或者采购的设备质量负责。

3. 总承包单位依法将建设工程分包给其他单位的，分包单位应当按照分包合同的约定对其分包工程的质量向总承包单位负责，总承包单位应当对其承包的建设工程的质量承担连带责任。

4. 必须按照工程设计图纸和施工技术标准施工，不得擅自修改工程设计，不得偷工减料。在施工过程中发现设计文件和图纸有差错的，应当及时提出意见和建议。

5. 必须按照工程设计要求、施工技术标准和合同约定，对建筑材料、建筑构配件、设备和商品混凝土进行检验，检验应当有书面记录和专人签字；未经检验或者检验不合格的，不得使用。

6. 必须建立健全施工质量的检验制度，严格工序管理，做好隐蔽工程的质量检查和记录。隐蔽工程在隐蔽前，应当通知建设单位和建设工程质量监督机构。

7. 施工人员对涉及结构安全的试块、试件及有关材料，应当在建设单位或者工程监理单位监督下现场取样，并送具有相应资质等级的质量检测单位进行检测。

8. 对施工中出现质量问题的建设工程或者竣工验收不合格的建设工程，应当负责返修。

9. 应当建立健全教育培训制度，加强对职工的教育培训；未经教育培训或者考核不合格的人员，不得上岗作业。

四、工程质量管理的内容与工作

(一) 工程质量管理的基本内容

1. 认真贯彻国家和上级质量管理工作的方针、政策、法规和建筑施工的技术标准、规范、规程及各项质量管理制度，结合工程项目的具体情况，制定质量计划和工艺标准，认真组织实施。

2．编制并组织实施工程项目质量计划。工程项目质量计划是针对工程项目实施质量管理的文件，包括以下主要内容：

（1）确定工程项目的质量目标。依据工程项目的重要程度和工程项目可达到的管理水平，确定工程项目预期达到的质量等级；

（2）明确工程项目领导成员和职能部门（或人员）的职责、权限；

（3）确定工程项目从施工准备到竣工交付使用各阶段质量管理的要求，对于质量手册、程序文件或管理制度中没有明确的内容，如材料检验、文件和资料控制、工序控制等做出具体规定；

（4）施工全过程应形成的施工技术资料等。

工程项目质量计划经批准发布后，工程项目的所有人员都必须贯彻实施，以规范各项质量活动，达到预期的质量目标。

3．运用全面质量管理的思想和方决，实行工程质量控制。在分部、分项工程施工中，确定质量管理点，组成质量管理小组，进行 PDCA 循环，不断地克服质量的薄弱环节，以推动工程质量的提高。

4．认真进行工程质量检查。贯彻群众自检和专职检查相结合的方法，组织班组进行自检活动，做好自检数据的积累和分析工作；专职质量检查员要加强施工过程中的质量检查工作，做好预检和隐蔽工程验收工作。要通过群众自检和专职检查，发现质量问题，及时进行处理，保证不留质量隐患。

5．组织工程质量的检验评定工作。按照国家施工及验收规范、建筑安装工程质量检验标准和设计图纸，对分项、分部和单位工程进行质量的检验评定。

6．做好工程质量的回访工作。工程交付使用后，要进行回访，听取用户意见，并检查工程质量的变化情况。及时收集质量信息，对于施工不善而造成的质量问题，要认真处理，系统地总结工程质量的薄弱环节，采取相应的纠正措施和预防措施，克服质量通病，不断提高工程质量水平。

（二）工程质量管理的基础工作

1．质量教育

为了保证和提高工程质量，必须加强全体职工的质量教育，其主要内容如下：

①质量意识教育。要使全体职工认识到保证和提高质量对国家、企业和个人的重要意

义，树立"质量第一"和"为用户服务"的思想。

②质量管理知识的普及宣传教育。要使企业全体职工，了解全面质量管理知识的基本思想、基本内容；掌握其常用的数理统计方法和质量标准；懂得质量管理小组的性质、任务和工作方法等。

③技术培训。让工人熟练掌握本人的"应知应会"技术和操作规程等；技术和管理人员要熟悉施工验收规范、质量评定标准，原材料、构配件和设备的技术要求及质量标准，以及质量管理的方法等；专职质量检验人员能正确掌握检验、测量和试验方法，熟练使用其仪器、仪表和设备。要使全体职工具有保证工程质量的技术业务知识和能力。

2. 质量管理的标准化

质量管理中的标准化，包括技术工作和管理工作的标准化。技术标准有产品质量标准、操作标准、各种技术定额等，管理工作标准有各种管理业务标准、工作标准等，即管理工作的内容、办法、程序和职责权限。质量管理标准化工作的要求是：

①不断提高标准化程度。各种标准要齐全、配套和完整，并在贯彻执行中及时总结、修订和改进。

②加强标准化的严肃性。要认真严格执行，使各种标准真正起到法规作用。

3. 质量管理的计量工作

质量管理的计量工作，包括生产时的投料计量，生产过程中的监测计量和对原材料、成品、半成品的试验、检测、分析计量等。搞好质量管理计量工作的要求是：

①合理配备计量器具和仪表设备，且妥善保管；

②制定有关测试规程和制度，合理使用和定期检定计量器具；

③改革计量器具和测试方法，实现检测手段现代化。

4. 质量情报

质量情报是反映产品质量、工作质量的有关信息。其来源一是通过对工程使用情况的回访调查或收集用户的意见得到的质量信息；二是从企业内部收集到的基本数据、原始记录等有关工程质量的信息；三是从国内外同行业搜集的反映质量发展的新水平、新技术的有关情报等。

做好质量情报工作是有效实现"预防为主"方针的重要手段。其基本要求是准确、及时、全面、系统。

5. 建立健全质量责任制

建立和健全质量责任制，使企业每一个部门、每一个岗位都有明确的责任，形成一个严密的质量管理工作体系。它包括各级行政领导和技术负责人的责任制、管理部门和管理人员的责任制和工人岗位责任制。其主要内容有：

①建立质量管理体系，全面开展质量管理工作；

②建立健全保证质量的管理制度，做好各项基础工作；

③组织各种形式的质量检查，经常开展质量动态分析，针对质量通病和薄弱环节，采取技术、组织措施；

④认真执行奖惩制度，奖励表彰先进，积极发动和组织各种竞赛活动；

⑤组织对最大质量事故的调查、分析和处理。

6. 开展质量管理小组活动

质量管理小组简称 QC（Quality Control Circle）小组，是质量管理的群众基础，也是职工参加管理和"三结合"攻关解决质量问题，提高企业素质的一种形式。

QC 小组的组织形式主要有两种：一是由施工班组的工人或职能科室的管理人员组成；二是由工人、技术（管理）人员、领导干部组成"三结合"小组。其成员应自愿参加，人数不宜太多。开展 QC 小组活动要做到以下四点：

①根据企业方针目标，从分析本岗位、本班组、本科室、部门的现状着手，围绕提高工作质量和产品质量、改善管理和提高小组素质而选择课题。

②要坚持日常检查、测量和图表记录，并有一定的会议制度，如质量分析会、定期的例会等，对影响质量的因素采取相应的对策措施。

③按照"计划（Plan）、实施（Do）、检查（Check）、处理（Action）"，即 PDCA 循环，进行质量管理活动。做到目标明确、现状清楚、对策具体、措施落实、及时检查和总结。

④为推动 QC 小组活动，要组织各种形式的经验交流会和成果发表会。

五、施工质量控制的任务及方法

（一）施工质量控制的任务

施工质量控制是施工管理的中心内容之一。施工技术组织措施的实施与改进，施工规程的制定与贯彻，施工过程的安排与控制，都是以保证工程质量为主要前提，也是最终形成工程产品质量和工程项目使用价值的保证。

施工质量控制的中心任务，是要通过建立健全有效的质量监督工作体系来确保工程质量达到合同规定的标准和等级要求。根据工程质量形成的时间阶段，施工质量控制可分为质量的事前控制、事中控制和事后控制。其中，工作的重点应是质量的事前控制。

1. 质量的事前控制

①确定质量标准，明确质量要求。

②建立项目的质量监督控制体系。

③施工场地质检验收。

④建立完善质量保证体系。

⑤检查工程使用的原材料、半成品。

⑥施工机械的质量控制。

⑦审查施工组织设计或施工方案。

2. 质量的事中控制

①施工工艺过程质量控制：现场检查、旁站、量测、试验。

②工序交接检查：坚持上道工序不经检查验收不准进行下道工序的原则，检验合格后签署认可才能进行下道工序。

③隐蔽工程检查验收。

④做好设计变更及技术核定的处理工作。

⑤工程质量事故处理：分析质量事故的原因、责任；审核、批准处理工程质量事故的技术措施或方案；检查处理措施的效果。

⑥进行质量、技术鉴定。

⑦建立质量检查日志。

⑧组织现场质量协调会。

3. 质量的事后控制

①组织试车运转。

②组织单位、单项工程竣工验收。

③组织对工程项目进行质量评定。

④审核竣工图及其他技术文件资料，搞好工程竣工验收。

⑤整理工程技术文件资料并编目建档。

（二）质量控制的基本方法

1. 施工质量控制的工作程序

工程项目施工过程中，为了保证工程施工质量，应对工程建设对象的施工生产进行全过程、全面的质量监督、检查与控制，即包括事前的各项施工准备工作质量控制，施工过程中的质量控制，以及各单项工程及整个工程项目完成后，对建筑施工及安装产品质量的事后控制。

2. 施工质量控制的途径

在施工过程中，质量控制主要是通过审核有关文件、报表，以及进行现场检查、试验这两条途径来实现的。

（1）审核有关技术文件、报告或报表

这是对工程质量进行全面监督、检查与控制的重要途径。其具体内容包括以下 10 方面：

第一，审查施工单位的资质证明文件。

第二，审查开工申请书，检查、核实与控制其施工准备工作质量。

第三，审查施工方案、施工组织设计或施工计划，保证工程施工质量的技术组织措施。

第四，审查有关材料、半成品和构配件质量证明文件（出厂合格证、质量检验或试验报告等），确保工程质量有可靠的物质基础。

第五，审核反映工序施工质量的动态统计资料或管理图表。

第六，审核有关工序产品质量的证明文件（检验记录及试验报告）、工序交接检查（自检）、隐蔽工程检查、分部分项工程质量检查报告等文件、资料，以确保和控制施工过程的质量。

第七，审查有关设计变更、修改设计图纸等，确保设计及施工图纸的质量。

第八，审核有关新技术、新工艺、新材料、新结构等的应用申请报告，确保它们的应用质量。

第九，审查有关工程质量缺陷或质量事故的处理报告，确保质量缺陷或事故处理的质量。

第十，审查现场有关质量技术签证、文件等。

（2）质量监督与检查

现场监督检查的主要内容有：

第一，开工前的检查。其主要是检查开工前准备工作的质量，能否保证正常施工及工程施工质量。

第二，工序施工的跟踪监督、检查与控制。其主要是监督、检查在工序施工过程中，人员、施工机械设备、材料、施工方法、操作工艺及施工环境条件等是否均处于良好的状态，是否符合保证工程质量的要求，若发现有问题应及时纠偏和加以控制。

第三，对于重要的、对工程质量有重大影响的工序，还应在现场进行施工过程的旁站监督与控制，确保使用材料及工艺过程质量。

第四，工序检查、工序交接检查及隐蔽工程检查。隐蔽工程应在施工单位自检与互检的基础上，经监理人员检查确认其质量合格后，才允许加以覆盖。

第五，复工前的检查。当工程因质量问题或其他原因停工后，在复工前应经检查认可后，下达复工指令，方可复工。

第六，分项、分部工程完成后，应检查认可后，签署中间交工证书。

（3）现场质量检验工作的作用

要保证和提高工程施工质量，质量检验与控制是施工单位保证施工质量的十分重要的、必不可少的手段。质量检验的主要作用如下：

第一，这是质量保证与质量控制的重要手段。为了保证工程质量，在质量控制中须将工程产品或材料、半成品等的实际质量状况（质量特性等）与规定的标准进行比较，以便判断其质量状况是否符合要求，这就需要通过质量检验手段来进行检测。

第二，质量检验为质量分析与质量控制提供了所需的技术数据和信息，这是质量分析、质量控制与质量保证的基础。

第三，通过对进场使用的材料、半成品、构配件及其他器材、物资进行全面的质量检验，保证质量合格的材料与物资，避免因材料、物资的质量问题而导致工程质量事故的发生。

第四，在施工过程中，通过对施工工序的检验，取得数据，可以及时判断质量，采取措施，防止质量问题的延续与积累。

第五，在某些工序施工过程中，通过旁站监督，及时检验。依据所显示的数据，可以判断其施工质量。

（4）现场质量控制的方法

施工现场质量控制的有效方法就是采用全面质量管理。所谓全面质量管理，就质量的含义来说，除了一般理解的"产品质量""施工质量"方面的含义外，还包括工作质量、如期完工交付使用的质量、质量成本及投入运行的质量等更为广泛的含义。就管理的内容和范围来说，要采用各种科学方法，如专业技术、数理统计以及行为科学等，对工作全过程各个环节进行管理和控制，实行全员管理，即专业人员管理和非专业人员管理互相结合起来。

全面质量管理的基本方法，可以概括为：四个阶段、八个步骤和七种工具。

第一，四个阶段。质量管理过程可分成四个阶段，即计划（Plan）、执行（Do）、检查（Check）和措施（Action），简称 PDCA 循环。这是管理职能循环在质量管理中的具体体现。PDCA 循环的特点有三个：各级质量管理都有一个 PDCA 循环，形成一个大环套小环、一环扣一环、互相制约、互为补充的有机整体。在 PDCA 循环中，一般来说，上一级的循环是下一级循环的依据，下一级的循环是上一级循环的落实和具体化；每个 PDCA 循环，都不是在原地周而复始运转，而是像爬楼梯那样，每一循环都有新的目标和内容。这意味着质量管理经过一次循环，解决了一批问题，质量水平有了新的提高。在 PDCA 循环中，A 是一个循环的关键，这是因为在一个循环中，从质量目标计划的制订，质量目标的实施和检查，到找出差距和原因，只有通过采取一定的措施，使这些措施形成标准和制度，才能在下一个循环中贯彻落实，质量水平才能步步高升。

第二，八个步骤。为了保证 PDCA 循环有效地运转，有必要把循环的工作进一步具体化，一般细分为以下八个步骤：

①分析现状，找出存在的质量问题。

②分析产生质量问题的原因或影响因素。

③找出影响质量的主要因素。

④针对影响质量的主要因素，制定措施，提出行动计划，并预计改进的效果。

⑤质量目标措施或计划的实施。这是执行阶段。在执行阶段，应该按上一步所确定的行动计划组织实施，并给予人力、物力、财力等保证。

⑥调查采取改进措施以后的效果，这是检查阶段。

⑦总结经验，把成功和失败的原因系统化、条例化，使之形成标准或制度，纳入有关质量管理的规定中去。

⑧提出尚未解决的问题，转入下一个循环。

前四个步骤是计划阶段的具体化，最后两个步骤属于措施阶段。

第三，七种工具。在以上八个步骤中，需要调查、分析大量的数据和资料，才能做出科学的分析和判断。为此，要根据数理统计的原理，针对分析研究的目的，灵活运用七种统计分析图表作为工具，使每个阶段各个步骤的工作都有科学的依据。常用的七种工具是排列图、直方图、因果分析图、分层法、控制图、散布图、统计分析表。

实际使用的当然不止这七种，还可以根据质量管理工作的需要，依据数理统计或运筹学、系统分析的基本原理，制定一些简便易行的新方法、新工具。

（5）施工质量监督控制手段

施工质量监督控制，一般可采用以下几种手段：

①旁站监督。这是驻地质量监督人员经常采用的一种主要的现场检查形式，即在施工过程中进行现场观察、监督与检查，注意并及时发现质量事故的苗头和影响质量因素的不利发展变化、潜在的质量隐患及出现的质量问题等，以便及时进行控制，对于隐蔽工程的施工，进行旁站监督更为重要。

②测量。这是对建筑安装尺寸、方位等进行控制的主要手段。施工质检人员应对施工放线及高程控制进行检查，严格控制；在施工中应注意控制，发现偏差及时纠正；中间验收时，对几何尺寸不合要求者，责令施工单位处理。

③试验。试验数据是工程师判断和确认公众材料和工程部位内在质量的主要依据。每道工序中如材料性能、拌和料配合比、成品的强度等物理力学性能及桩体的承载力等，常通过试验手段取得数据来判断其质量。

④指令文件。所谓指令文件是表达工程质量工程师对工程项目提出要求的书面文件，用以指出施工中存在的问题，提出要求或指示其做什么或不做什么等。质量工程师的各项指令都应是书面的或文字记载方为有效，并作为技术文件资料存档。如因时间紧迫，来不及做出正式的书面指令，也可以用口头指令方式下达，但随即应补充书面文件对口头指令予以确认。

⑤规定质量监控程序。按规定的程序进行施工，是进行质量控制的必要手段和依据。

第二节　建筑给排水全过程质量控制探究

一、设计阶段的建筑给排水质量控制

给排水系统工程与土建工程一样，是建筑工程项目建设的基础设施，是实现建筑工程项目功能的基本保证。随着城市房地产市场的发展和科学技术的进步，房地产项目中的给排水工程越来越趋向于大系统的应用和高参数的选择。为了达到给排水系统的高效、稳定、低能耗运行，必须首先有合理、优化的设计方案，为此对给排水系统设计质量的控制就显得非常重要。

与施工阶段的质量控制不同，设计阶段的质量控制通行的做法是由房地产公司来控制的。因此，作为房地产的给排水工程技术人员既要对国家现行的设计、施工技术标准、规范进行全面熟悉，又要具备设计质量控制的相关知识，同时还应具备丰富的施工实践经验。

（一）给排水工程设计质量控制的原则与要点

1. 给排水工程设计质量控制的原则

①设计必须完整贯彻业主要求和政府规划部门、消防管理部门批准的建设方案。

②设计必须满足国家或地方政府颁布的政策法规和技术规范标准。

③设计必须满足施工对图纸广度和深度的要求。

④设计应该尽量满足业主对美观性和经济性的要求。

2. 给排水工程设计质量控制的要点

①设计必须符合国家有关技术政策和标准规范及《建筑工程设计文件编制深度规定》的规定。

②图纸资料要齐全，能满足施工需要。

③设计合理，无遗漏。图纸中的标注无错误；有关管道编号、设备型号完整无误；有关部位的标高、坡度、坐标位置正确；材料名称、规格型号、数量正确完整。

④设计说明及设计图中的技术要求明确。设计符合企业施工技术装备条件，如需要采用特殊措施时，要充分考虑技术上有无困难、能否保证施工质量和施工安全。

⑤设计意图、工程特点、设备设施及其控制工艺流程、工艺要求明确。各部分设计明确，符合工艺流程和施工工艺要求。

⑥管道安装位置美观和使用方便。

⑦管道、组件、设备的技术特性明确，如工作压力、温度、介质必须清楚。

⑧对固定、防震、保温、防腐、隔热部位及采用的方法、材料、施工技术要求及漆色规定明确。

⑨需要采用特殊施工方法、施工手段、施工机具的部位要求和做法明确。

⑩明确有无特殊材料要求，其规格、品种、数量能否满足要求，以及有无材料代用的可能性。

(二) 给排水工程设计质量控制的内容

1. 设计总说明

①设计说明应包括设计依据、设计范围，给排水、消防各个系统扼要的叙述，管材及接口，阀门及阀件，管道敷设，管道试压，防腐油漆，管道及设备保温等内容。

②主要设备、材料表中的水泵、水处理设备、水加热设备、冷却塔、消防设施、卫生器具等的选型安全合理。

③管道、设备的隔震、消声、防水锤、防膨胀、防伸缩沉降、防污染、防露、防冻、放气泄水、固定、保温、检查、维护等应采取有效合理的措施。

④按消防规范的要求设置相应的消火栓、自动喷水灭火、气体灭火、水喷雾灭火、灭火器等系统和设施，消防水量计算合理。

⑤设计时不得选用淘汰产品。

2．给排水平面图设计

①生活水池、水箱的结构形式。

②给水管道与水加热设备及可能引起回流的卫生设备的连接有防止回流污染的措施。

③生活给水泵房的位置避开了有防震或有安静要求的房间。水泵机组，吸、压水管支架及机房墙体顶板采取了隔震或消声措施。

④厕所、盥洗室不得布置在餐厅、食品加工、仪器储存及变配电等有严格卫生要求用房的上层。

⑤地下污水泵井应设置密封井盖和通气管。

⑥选用的水加热设备及其布置、敷设要考虑检修要求。

⑦管道的布置、敷设满足规范要求。

3．水消防、人防部分平面图设计

①建筑物内不同用房或公共场所灭火设施的选择恰当，无遗漏的地方。

②消防水池、高位水箱及消防水泵房满足规范要求。

③消火栓及自动喷洒头、水泵接合器的布置满足规范要求。

④如有需要水幕分区或配合防火卷帘分区处按规范要求设置相应的水幕设施。

⑤消防电梯设置排水设施。

⑥无采暖地下车库有结冻可能的水消防管道应有合理可行的防冻措施。

⑦灭火器的选型与布置满足规范要求。

⑧当有人防地下室时，给排水设计应符合人防设计有关规范及当地人防主管部门的要求。

4．总平面图设计

①消防专用或生活共用的室外给水管按规范要求连成环状管网。室外消火栓、水泵接合器的布置符合规范的要求。

②入市政污、雨水管接合井的管径、标高要合适。

③化粪池、污水池等与埋地生活用水储水池的距离不小于10 m。当不满足时，要采取防止污染生活用水储水池水质的有效措施。

5．系统图设计

（1）给水系统

①高层、低层建筑的给水区符合规范要求，最不利用水处的水压应能得到保证。

②给水管道的连接不应存在回流污染问题。

③水池、水箱至生活饮用水点的供水管上按规定采取安全可靠的一次防污染措施。

④按规定须设中水的项目，应设置中水处理与供水系统，中水水量平衡。

（2）热水系统

①当冷热水需要同时供应时，热水供水分区应与给水分区一致，热水供水压力与冷水压力平衡（单独使用冷水或热水者除外）。

②热水供应系统应设置有效的循环系统，高层建筑的热水系统采用减压阀分区时能保证各区循环系统的正常工作。

③公共浴室应设有水温稳定和节水措施。

④系统上应设防膨胀泄压用的安全阀、膨胀管（或膨胀罐）、伸缩节、固定支架等附件及防止和减缓管道和设备结垢、锈蚀的装置。

（3）排水系统

①排水系统应采用雨、污分流，雨水斗及其布置符合要求。

②污水立管底部的排水横管的连接满足规范要求或采取单独出户的措施。

③水管按规范要求设置通气管及检查口、清扫口。

（4）消防系统

①消防水池和屋顶消防水箱的储水容积符合规定。当消防、生活合用水池、水箱时，有保证消防水量不被动用的措施。

②消防应按规范要求，在系统上设置减压、泄压等安全使用和保证灭火效果的措施，应必须有消防水泵的自检措施。

③消防水泵及增压设备满足规范要求。

④室内消火栓管网按规范要求连成环状。环状管网的引入管不少于两根。管网上阀门的布置满足规范要求。

⑤大型建筑屋顶应设试验用消火栓，喷淋系统各层末端应设有终端放水试验装置。

⑥消火栓与自动喷水灭火系统管径合理。

⑦寒冷地区、地下不采暖车库应采用干式或预作用喷淋系统。

⑧消防水泵接合器的设置满足规范要求。

二、给排水工程材料的质量控制

在施工过程中，使用的材料质量是工程质量的基础，材料质量不符合要求，工程质量也就不可能符合图纸和规范要求。因此，加强使用材料的质量控制是提高工程质量的保证。

（一）材料的选择

1. 排水管道的材质选用

根据住房和城乡建设部的规定，目前，新建多层住宅均使用 UPVC 塑料排水管，室内 UPVC 排水管的类型有普通 UPVC 实壁管、UPVC 芯层发泡管（PSP）、UPVC 螺旋消音管三种。普通 UPVC 实壁管噪声较大，而同等壁厚的 UPVC 芯层发泡排水管比 UPVC 实壁管重量轻 20%~30%，同时，它又具有隔热、隔音、高抗冲的效果，特别适合于建筑排水，可显著地降低流水噪声，大有取代 UPVC 实壁排水管的趋势。其不仅可以作为高层建筑的排水管，而且还不用设专用通气立管。因此，要根据安全、经济、环境等因素综合考虑，合理选择排水管。

2. 卫生间水管道设置

为了不使卫生间污水横管进入下层户内空间，排水管道的敷设一般采用以下方式：卫生间地面楼板下沉，污水横管设于下沉室内。这种方式对排水管道的施工较为方便，但检修管道则十分不易。在实际工程使用过程中，经常发生下层住户靠卫生间处楼板及侧墙发生渗漏现象。由于无法查找出漏水的原因，上层住户只能将整个卫生间地面凿开重新翻修，凿开后才发现下沉室内积满水，积水经侧墙渗入下层。分析产生积水的主要原因有：卫生间地面防水未处理好，地面水渗入下沉室；部分给排水管道漏水进入下室。针对以上原因采取的措施有：严格做好卫生间地面防水处理及下沉室四周的防水处理；卫生间内所有给排水管道应经严格试压注水试验后方可暗封管道，建议在下沉室侧面设置侧排地漏，以排除可能出现的积水。

（二）材料的管理

1. 材料厂家的确定

选择材料厂家，对其材料质量、价格进行比较，并对其生产材料厂家实地考察，现场查看其所用的原材料是否符合产品质量要求。

2. 加强进场材料验收

首先检验材料的准用证和出厂合格证及材质化验单；再对进场材料进行外观检查；根据国标检验材料的几何尺寸、内表面光洁度、壁厚等。经书面检查和外观检查合格后方可进入现场，否则不得进入施工现场。

3. 使用的材料必须送检合格才能使用

进场材料经书面检查和外观检查合格后由监理工程师直接取样进行封样，由监理工程师与施工单位技术人员一起送到质检实验室复检，出具合格报告后，才能进行工程使用，否则不能使用并清理不合格材料出场。

三、施工阶段的建筑给排水质量控制

建筑给排水施工中的质量管理，不仅关系到生活、工作，还直接影响到水资源的合理利用。在施工各阶段中由于管理的力度不够，往往存在各种质量缺陷，严重影响建筑给排水工程的施工质量和使用功能，因此，给排水工程在施工各阶段的管理都十分重要。

（一）施工过程的技术要求

1. 套管、孔洞的预埋预留的准确性

正确控制给排水施工中套管、孔洞的预埋预留的平面位置、标高、尺寸大小，特别是进入楼内的主水管，是控制给排水管道标高、坡度、管径的基础，套管、孔洞的预埋预留的质量好坏，直接影响其整个给排水安装的质量。因此，在混凝土浇筑时，施工单位要对预留的孔洞采取保护措施，事后根据设计图纸和施工规范检查，满足规范要求，为给排水工程安装打下良好的基础。

2. 给排水管道安装立管垂直度的控制

管道垂直度控制的好坏，是外观观感质量控制的关键。管道垂直度的控制贯穿整个给排水工程。无论连接的形式采用的是承插接口还是焊接、丝接，在立管施工过程中施工单位都要实施现场测量，严格控制管中心线、管外皮距墙面的距离。每安装完一层要进行复测，以满足验收规范。

3. 排水管道坡度安装质量控制

在使用中，排水管道的坡度使排水畅通是满足使用功能最基本的技术要求。在施工过程中施工单位应根据设计图纸要求的坡度及管中心与墙面距离，先拉位置线，再根据位置线的标高安装支、吊、托架。并要注意在支、吊、托架固定处砂浆达到强度后，再根据原位置线标高进行管段安装，同时要找准各管件的插接口方向，保证横管安装后，连接卫生器具下面排水短管的承口为水平，应注意承口保护。在以后的管道灌水、通水、通球试验中能控制坡度，减少渗漏的返工修复，达到设计及施工规范要求。

4. 隐蔽管道的检查验收

给排水管道在隐蔽前，应分别进行水压、灌水试验，施工单位先进行自检，合格后报工程监理，由给排水监理工程师旁站监理进行试验，合格后可以进入下一道工序施工安装。

5. 卫生洁具安装的质量控制

洁具安装前，施工单位必须根据设计和施工规范要求，做样板卫生间，将卫生间配管及卫生洁具的安装，以形象示范，明确安装质量标准，并校核各管道甩口位置的正确性。安装时必须先清理承口，避免杂物留在管内产生堵塞，施工人员要严格按照洁具安装工艺标准操作，以保证管道与洁具给水排水的连接处严密、不漏水。施工人员要按施工规范严格控制洁具安装的标高、水平度、垂直度等，并做好成品保护。

（二）施工人员控制

施工人员的技术和素质的高低对施工质量的影响是不容忽视的。在施工前要建立健全质量保证体系，施工人员要有相应的技术操作水平，熟悉施工图纸，施工单位应及时组织他们进行技术交底，要求其掌握安装工艺标准，具备施工要求，保证施工质量。

（三）施工过程控制

1. 施工准备阶段

（1）施工图纸会审、技术交底

施工图会审、技术交底是施工管理工作中施工准备阶段的一项重要技术工作，是施工的基本要求。目的是发现设计缺陷、错误，减少施工图的差错，确保工程质量和施工顺利进行。施工单位在图纸会审、技术交底应注意下列问题：

第一，审图是一项综合性很强的技术工作，需要考虑的事项很多，有疏漏在所难免。在审图时要做一份清单对照检查，可以避免重大的疏漏。

第二，在审核图纸时，要尽量全面地发现图纸中的问题，达到解决存在问题，统一各方不同意见，理解本工程的难点、重点的目的。

第三，专业技术人员在接到施工图以后，应认真学习图纸，熟悉图纸的内容、要点和特点，弄清设计意图，掌握工程情况，了解建筑结构，理解设计中所选用的新技术、新设备、新材料，以便采取有效的施工方法和可行的技术措施。

第四，给排水专业图纸与土建、设备、仪表、工艺管线等专业图纸相互衔接处，必须保持一致性，要逐个检查每个衔接部位的管径大小、空间位置与配管数量。

第五，地下管线较多时要防止管线相撞和管线两者之间间距不够的现象发生，同时还要保证排水管线具有足够的坡度。地埋管线的稳定性是由管道本身性质和土的变形模量共同确定的，当有可能出现失稳时，应采取措施避免。

（2）编制施工计划

根据总体工程"先地下、后地上"的施工原则，首先安排排水工程开工，其目的是完成"三通一平"中的水通和场地平整，并使排水系统及早具备排水能力，为施工现场的防洪、排涝发挥作用，为主体工程施工创造条件。

（3）编制质量计划

施工单位质量管理部门依据国家、行业有关规范和设计文件，结合本行业与本单位以往给排水工程已取得的成功经验和教训，编制建筑给排水工程质量计划，确定施工期间的检验程序；质量控制点及控制点等级；质量检验方式与方法；质量检验记录与质量检验报告的填写、传递、存档方法；质量事故处理制度。

（4）编制施工组织设计

施工单位组织有关人员勘察施工现场，依据有关工程施工规范和设计文件，编制施工组织设计。施工单位编制给排水工程总体施工组织设计，各分包单位应有完善的给排水施工组织设计，并符合给排水工程总体施工组织设计相应的条文。

2．施工阶段

（1）材料检验

第一，依据有关施工规范和设计文件，施工单位进行材料的几何尺寸、强度和密封试验，杜绝使用劣质施工材料等事件的发生。

第二，施工单位对各类施工材料，按设计要求核对其材质、型号、规格，并进行外观检查。

第三，施工单位审核进场材料的质检报告，主要设备、配件、产品应有出厂日期和质量合格证。

第四，严格执行给排水材料报验制度，材料、设备进场时，监理人员按规定见证送检，审核试验结果，并报业主方审核认可。待审核合格后，监理人员才能同意该材料或设备使用安装，同时要制定专项表格进行登记备案。

（2）现场管理

施工单位要加强施工现场的管理，做到以下四点：

第一，施工单位组织协调各分包单位对在相邻施工区分界处的同类管线碰头事宜，要具体落实施工日期、施工地点、施工人员、质量检验等事项。

第二，施工单位对各分包单位施工进度统一协调指导，各分包单位在同一时期内在各自承担的施工区域内完成施工任务。必要时由施工单位与各分包单位协商，调整部分施工任务，以达到准时完成施工进度计划的要求。

第三，施工单位统一调度各施工单位用电、用水量，雨季施工统一安排防洪排涝措施，并且保障施工道路畅通。

第四，各分包单位在施工过程中要做到用材、工序、人员等各项指标到位，确保工程的质量。

（3）施工管理

施工单位在工程施工中，应会同建设单位和各分包单位质量管理部门，按照质量管理计划，管理施工质量。

第一，对工程施工全过程实行"停、检、检"制度，施工每到一个质量控制点后暂停施工，首先由分包单位质量管理部门进行质量检验，检验合格后通知施工单位质量管理部门到施工现场联合检验，检验合格后方可进行下一道施工工序。

第二，监督检查各分包单位质量保证体系是否完善及正常运转，分包单位能否在施工现场严格执行施工纪律，并且定期开展质量检验评比活动。

第三，管道安装材料的质量和尺寸标准要统一规范。

第四，狠抓重点、难点工序施工，落实监督措施。建筑给排水施工重点、难点一般有以下三点：

①建筑土建施工阶段。此阶段钢筋混凝土工程是最主要的工程，往往忽视给排水预埋工作，极易造成预埋、预留不准确或漏留、漏埋。为保证给排水工程质量，要求土建施工方提前形成各楼层预留、预埋统计表，落实专人负责，这样确保给排水专业工程预埋预留已按图纸、规范完成。

②地下室。高层建筑多数重要设备一般设计安装在地下室，设备管线多，容易出现矛盾冲突，同时易造成空间降低，严重影响使用功能，甚至留下永久的遗憾。因此，施工单位应详细核对图纸，加强与业主、设计、土建施工方的沟通，预先控制，在保证图纸无误和使用功能的前提下，严格按图施工。

③建筑的转换层及标准首层。此处建筑结构较为复杂，梁、柱密集，管道的敷设较难解决，设计中考虑往往不够细致，给排水管道预留预埋将直接影响本层标准首层厨、卫管道安装及净高，对今后的使用造成影响。

3. 试验与验收阶段

在施工过程中严格执行隐蔽验收制度。施工方必须按设计和规范要求通过监理工程师隐蔽验收。检验批按系统及建筑单元楼层每六层划分为一检验批，做好隐检记录，形成专项统计表格，以备复查。工程施工后期施工单位应邀请有关人员参与工程收尾工作，通过试验及时发现施工问题，保证工程质量，试验与验收阶段应注意下列问题：

①坚持质量原则，严格把关，坚持上道工序未验收合格不得进入下道工序施工的原则，确保工序质量，确保分项分部工程和单位工程质量。

②碳钢金属管道在分段进行强度、严密性试验合格后，管段与管段相互连接的焊口和管段与管网连接的焊口，在无法做强度、严密性试验时，必须进行焊缝无损探伤检验，以确保联结焊口的质量。

③非金属管道试验时，各施工单位在各自施工区分界线附近井下临时封闭管口，首先从排水管网中管底标高最高处井口注入水，打开相邻施工单位分界处井下被封闭的管口，使上游管段中的水向下游管段排放，直到排水管网全部试验合格为止。如果上游管段试验未合格，也同样向下游排放水，处理有问题的管道，重新从上游井口处注入水，直到合格为止。

④各分包单位在管线试验期间，应设专职人员设置、记录和拆除管线临时盲板。

⑤供水系统和循环水系统管网水冲洗，应与供水系统、循环水系统各种水泵试运转相结合，使两项工作同时进行。

⑥排水管线冲洗时，在注水的排水井壁与井底水流冲击处用镀锌铁皮做好防护。

⑦中间交接：试验阶段开始，施工单位应邀请工程有关人员参与收尾工作，并且使有关人员对工程质量、工程完工日期有相应的了解，试验合格后，按施工规范有关规定办理工程中间交接。

⑧竣工验收：完成设计文件全部内容且试验成功，工程质量达到要求，技术资料齐全并且达到要求，清理现场，办理全部工程竣工验收和交接。

四、运行与维护阶段的建筑给排水质量控制

对于建筑给排水质量控制来说，施工阶段验收完成还不算结束，因为施工阶段验收合格后就会投入使用，在用户使用过程中依然会出现这样或者那样不可预见的问题。因此，在建筑施工完成交付使用后依然要对给排水系统进行质量控制。

目前，建筑给水排水设备的管理工作一般由房管单位和物业管理公司普工程部门主管，并由专业人员负责。基层管理有分散的综合性管理和集中的专业化管理等多种方式。建筑给水排水设备管理主要由维修管理和运行管理两大部分组成，维修与运行既可统一管理，也可分别管理。物业公司对给水排水设备的管理应提倡"提前介入、科学维护、综合利用"三方面的工作方针。物业公司在接管物业之前若能积极参与单体建筑及小区的设计和建设，可以促进建筑给水排水的设计更加与现场实际相一致，为接管后与市政给排水部门的协调创造便利；利于日后的维修。

建筑给水排水系统的管理措施主要有：

①建立设备管理账册和重要设备的技术档案；

②建立设备卡片；

③建立定期检查、维修、保养的制度；

④建立给水排水设备大、中修工程的验收制度，积累有关技术资料；

⑤建立给水排水设备的更新、调拨、增添、改造、报废等方面的规划和审批制度；

⑥建立住户保管给水排水设备的责任制度；

⑦建立每年年末对建筑给水排水设备进行清查、核对和使用鉴定的制度，遇有缺损现象，应采取必要措施，及时加以解决。

第三节　综合性高层建筑给排水工程质量施工控制

一、高层建筑给排水工程施工质量的事前控制

（一）检查施工前期资料，熟悉工程相关文件

监理工程师必须认真熟悉和掌握施工合同和监理合同，认真审核前期建设手续、审图意见、小区综合管网图，检查设计单位是否提供了室外给排水施工图，仔细阅读设计图，熟悉有关规范、标准、图集，及时将施工图中的有关问题及业主、承包商提交的图纸会审意见整理成文，为图纸会审做好充分准备。

（二）拟定给排水工程专业监理细则

在项目监理规划和施工图基础上，根据工程的具体特点，拟定有针对性并切实可行的技术措施、组织措施、管理方法，在项目实施过程中能切实按此监理细则实施监理。

（三）审核安装单位的企业资质和人员资质

强调企业资质必须与工种类别一致，强调专业技术人员及特殊工程的岗位证书及人员到位情况审查，机械加工设备及特殊工程的特种机械的进场到位情况审查，以此来保证给排水工程的质量。

（四）审核承包商提交的施工组织设计

施工组织设计是施工企业施工的重要依据，它具有法律效力，必须具有很强的针对性

和可操作性，监理工程师在施工准备阶段应认真审核其施工方法、施工人员和施工机具设备、质量保证措施和安全文明条款，了解施工单位的管理水平和技术水平，以便有针对性地完善监理细则，有的放矢，加强事前控制，及时向项目总监提交施工组织设计审查意见，以此作为施工监理的一项重要依据。

（五）组织行之有效的施工图设计交底和图纸会审

图纸会审和设计交底是工程建设的一个重要环节，通过设计交底我们可以了解设计意图，了解工程的重点和难点，通过图纸会审解决设计中的缺陷、错误，做出相关专业的位置、尺寸、标高协调，解决各专业问题的矛盾冲突，同时也应理解业主的建设意图，如卫生间、厨房给排水支管是否统一安装，设备、材料选用的档次，销售上的要求等，统一各方意见，为工程顺利实施创造必要条件。

（六）做好组织协调及监督管理工作

监理工程师应主动与质监人员联系，请他们来现场指导，规范各方行为，取得主管部门的支持，明确质量目标和要求，落实总承包商与各专业分包商责任，明确验收标准、安全文明施工规定、现场管理制度，并主动与业主方沟通，取得业主方有力的支持。

（七）给排水材料质量的事前控制

主动与业主方、承包商联系，按设计和规范要求，配合业主方、承包商审查供货方、分供方的资质、质量保证体系、技术装备情况、人员情况、企业信誉、生产和供货能力、财务情况等，通过招标等手段合理选择厂家、品牌、价格，为工程的顺利进行做好准备。

二、高层建筑给排水工程施工质量的事中控制

工程质量的事中控制是施工阶段质量控制的重点，是工程质量保证的关键阶段。

（一）严格执行给排水材料报验制度

材料、设备进场时，监理工程师必须对施工方提供的质保资料、备案证、业主方或施工方确定的样品、检验合格证、清单等进行验收，按规定见证送检，审核试验结果，并报业主方审核认可，重大复杂设备还须进行设备监造工作。待审核合格后，监理工程师才能同意该材料或设备使用安装，同时还要制定专项表格进行登记备案，以便相关人员按需进行查询。

（二）严格执行隐蔽检查制度

在施工过程中严格执行隐蔽验收制度。高层施工中给排水管道及设备安装相对较复杂，施工方必须按设计和规范要求通过监理工程师隐蔽验收。为便于监督管理，建议检验批按系统及建筑单元楼层每六层划分为一个检验批，做好隐检记录，形成专项统计表格，以备复查。

（三）狠抓重点、难点，落实监督措施

高层建筑给排水施工一般有以下重点、难点：

1. 高层建筑土建施工阶段

此阶段钢筋混凝土工程是最主要的工程，承包商往往忽视给排水预埋工作，极易造成预埋、预留不准确或漏留、漏埋。为保证给排水工程质量，监理工程师必须做好预控工作，协调好总承包商与专业施工队之间的关系，要求施工方提前形成各楼层预留、预埋统计表，落实专人负责，以备专业监理工程师在混凝土浇筑前进行核查，同时监理组形成一项制度，项目总监签署混凝土浇灌令时，必须先检查各专业监理工程师对预留预埋报验签证，这样确保给排水专业工程预埋预留已按图纸、规范完成。

2. 地下室

高层建筑多数重要设备一般设计安装在地下室，设备管线多，容易出现矛盾冲突，同时易造成空间降低，严重影响使用功能，甚至留下永久的遗憾。因此，专业监理工程师应详细核对图纸，加强与业主方、设计方、承包商的沟通，预先控制，在保证图纸无误和使用功能的前提下，严格按图监理。

3. 高层建筑的转换层及标准首层

此处建筑结构较为复杂，梁、柱密集，几何尺寸较大钢筋密集，管道的敷设较难解决。设计中，设计人员往往考虑不够细致，给排水管道预留预埋将直接影响本层标准首层厨、卫管道安装及净高，对今后的销售使用造成影响，因此，监理工程师必须要求施工方做出专项施工组织设计，会同业主方、设计方进行审核，综合考虑各种利弊，协调给排水管道套管及洞口的埋设与相邻管道设备的关系，制订切实可行的安装方案，保证使用功能和结构安全。

4. 标准二层

标准二层以上给排水套管、洞口、管线留设基本一致，因此，可以确定为样板层，而各楼层管线交叉、重叠问题在设计时往往被忽视，造成管道安装难度增大或楼层净高降

低，或不能满足使用功能，因此，专业监理工程师应做好预控工作，仔细阅读图纸，不合理处与设计方协商解决，重点控制管线平面布设位置、标高，核实设计洞口位置及尺寸，按设计合理选用洁具，保证安装质量。做好标准二层给排水工程，对整个工程可以起到良好的示范效果，其余楼层可严格跟样施工。

5. 屋顶水箱

屋顶水箱出水管道设计往往有不合理之处。由于管径偏小，形成给水负压，造成顶上几层出水压力不足或水污染，影响使用功能，因此，应提前做好审核，并与设计方及时沟通，做出调整。

6. 室外综合管网

由于业主方往往未给设计方提供所在项目综合管网资料，造成设计的室外综合管网图不准确，或者干脆未予设计，因此，监理工程师应做好协调工作，催促业主方向设计方提供完整可靠的小区综合管网图，加强现场勘察工作，督促设计方准确合理地完善室外给排水系统图。

（四）加强测量监理工作，严格控制放线定位

在进行综合管线的布置时，需要考虑以下五方面：
（1）满足有关施工质量验收规范要求；
（2）根据建筑物的特点，合理布置管线的位置和空间，尽可能采用联合支架以减少支、吊架与结构的连接点数量，提高楼层净高；
（3）要考虑施工顺序；
（4）便于管道的安装和维护；
（5）尽可能满足设计要求各专业之间的安全及相互干扰距离。

（五）通过组织协调，监控工程质量

1. 定期召开工地例会。针对存在的质量问题，提出改进措施，以督促施工单位提高施工质量水平。

2. 注意与业主方、施工单位、设计人员、质监人员的交流，协调处理工程中出现的具体问题和矛盾。

3. 合理利用工程款的签认权，施工单位增强质量意识。

（六）针对工程的具体情况，合理设置质量控制点、停止点，分清主次，重点控制，重点部位和重要工序实施旁站监理

质量的事中控制主要包括以下内容：

（1）预留洞及预埋件位置、尺寸；

（2）钢套管在钢筋上的固定，宜用加筋点焊固定，并按设计构造处理；

（3）钢套管超出楼层建筑地面高度；

（4）管线碰撞、交叉、冲突；

（5）管道和设备的防雷接地焊接质量；

（6）防水套管，检查刚柔性套管埋设是否准确，翼环尺寸、套管材质、壁厚直径，埋设的位置是否满足设计要求；

（7）埋地管道防锈防腐处理；

（8）室外排水管道的标高，接头处理；

（9）末端试水；

（10）设备基础位置、尺寸与管道之间的尺寸配合；

（11）消防弱电系统的安装、聚热盘大小、喷淋头的安装方向，支架间距是否满足规范；

（12）管道的伸缩节、支吊架安装及间距。

（七）全数旁站监督各项功能测试，保证房屋使用功能

在检测前，监理工程师应制作完善的统计表格，张贴上墙，按单元或楼层划分，以保证复检准确。

其中，管道系统检测包括以下内容：

（1）室内给水管道安装检测；

（2）卫生器具及配件安装检测；

（3）室内给水附属设备安装检测；

（4）室内排水管道安装检测；

（5）室内采暖和热水管道检测；

（6）散热器及太阳能热水器检测；

（7）采暖和热水供应附属设备（包括锅炉安装）检测；

（8）室内煤气管道安装检测；

（9）室内管道系统检测；

（10）室外管道系统检测；

（11）室外给水管道检测；

（12）室外排水管道安装检测；

（13）室外供热管道安装检测；

（14）室外煤气管道安装检测。

（八）随工程进度检查各分部分项工程资料，保证基本齐全，真实可信

具体审核要点如下：

（1）各专业分包合同、资质文件、质保体系、开工报告审核；

（2）给排水管道设备安装阶段施工方案审核；

（3）各专业技术交底及审核，设计技术变更审核；

（4）进场材料报审，含质保书、合格证、备案证、卫生防疫许可证、检验报告等；

（5）进场材料或设备见证抽检，有关试验资料审核；

（6）工序报验、隐蔽资料、功能测试资料审核；

（7）各种通知、会议记录、来往函件、中间验收文件、安全资料。

三、高层建筑给排水工程施工质量的事后控制

（一）在工序验收的基础上抓好给排水工程验收工作

高层建筑给排水工程的验收程序分为工序验收、分项工程验收，分部工程验收、单位工程验收三部分。监理应以工序验收为基础和重点，坚持质量原则，严格把关，坚持上道工序未验收合格不得进入下道工序施工的原则，确保工序质量，进而确保分项分部工程和单位工程质量。

（二）做好质量问题的处理

给排水工程施工难免出现质量问题，这就要求监理工程师严格督促施工方按质量问题处理程序，仔细分析产生原因，制订切实可行的处理方案，在综合各方意见的基础上，监督施工方认真实施，并严格复检直至问题得以解决，保证工程不留隐患。

第六章
市政给排水管道工程施工

第一节　给水管道工程开槽施工

一、给水管道系统的组成

给水系统是指由取水、输水、水质处理、配水等设施以一定的方式组合而成的总体，通常由取水构筑物、水处理构筑物、泵站、输水管道、配水管网和调节构筑物六部分组成，其中输水管道和配水管网构成给水管道工程。根据水源的不同，一般有地表水源给水系统和地下水源给水系统两种形式。在一个城市中，可以单独采用地表水源给水系统或地下水源给水系统，也可以两种系统并存。

给水管道工程的主要任务是将符合用户要求的水（成品水）输送和分配到各用户，一般通过泵站、输水管道、配水管网和调节构筑物等设施共同工作来完成。

输水管道是从水源向给水厂，或从给水厂向配水管网输水的管道，其主要特征是不向沿线两侧配水。输水管道发生事故将对城市供水产生巨大影响，因此，输水管道一般都采用两条平行的管线，并在中间适当的地点设置连通管，安装切换阀门，以便其中一条输水管道发生故障时由另一条平行管段替代工作，保证安全输水，其供水保证率一般为70%。阀门间距视管道长度而定，一般在 1~4 km。当有储水池或其他安全供水措施时，也可修建一条。

配水管网是用来向用户配水的管道系统。它分布在整个供水区域的范围内，接收输水管道输送来的水量，并将其分配到各用户的接管点上。一般配水管网由配水干管、连接管、配水支管、分配管、附属构筑物和调节构筑物组成。

二、给水网的布置

（一）布置原则

给水管网的主要作用是保证供给用户所需的水量、保证配水管网有适宜的水压、保证供水水质并不间断供水。因此，给水管网布置时应遵循以下原则：

（1）根据城市总体规划，结合当地实际情况布置，并进行多方案的技术经济比较，择优定案。

（2）管线应均匀地分布在整个给水区域内，保证用户有足够的水量和水压，水质在输送的过程中不遭受污染。

（3）力求管线短捷，尽量不穿或少穿障碍物，以节约投资。

（4）保证供水安全可靠，事故时应尽量不间断供水或尽可能缩小断水范围。

（5）尽量减少拆迁，少占农田或不占良田。

（6）便于管道的施工、运行和维护管理。

（7）要远近期结合，考虑分期建设的可能性，既要满足近期建设需要，又要考虑远期的发展，留有充分的发展余地。

（二）布置形式

城市给水管网的布置主要受水源地地形、城市地形、城市道路、用户位置及分布情况、水源及调节构筑物的位置、城市障碍物情况、用户对给水的要求等因素的影响。一般给水管道尽量布置在地形高处，沿道路平行敷设，尽量不穿过障碍物，以节省投资和减少供水成本。

根据水源地和给水区的地形情况，输水管道有以下三种布置形式：

1. 重力系统

本系统适用于水源地地形高于给水区，并且高差可以保证以经济的造价输送所需水量的情况。此时，清水池中的水可以靠自身的重力，经重力输水管送入给水厂，经处理后将成品水再送入配水管网，供用户使用。

如水源水质满足用户要求，也可经重力输水管直接进入配水管网，供用户使用。该输水系统无动力消耗、管理方便、运行经济。当地形高差很大时为降低供水压力，可在中途设置减压水池，形成多级重力输水系统。

2. 泵送系统

本系统适用于水源地与给水区的地形高差，不能保证以经济的造价输送所需的水量，或水源地地形低于给水区地形的情况。此时，水源（或清水池）中的水必须由泵站加压经输水管送至给水厂进行处理，或送至配水管网供用户使用。该输水系统需要消耗大量的动力，供水成本较高。

3. 重力、压力输水相结合的输水系统

在地形复杂且输水距离较长时，往往采用重力和压力相结合的输水方式，以充分利用地形条件，节约供水成本。该方式在大型的长距离输水管道中应用较为广泛。

配水管网一般敷设在城市道路下，就近为两侧的用户配水。因此，配水管网的形状应随城市路网的形状而定。随着城市路网规划的不同，配水管网可以有多种布置形式，但一般可归结为枝状管网和环状管网两种布置形式。

①枝状管网。枝状管网是因从二级泵站或水塔到用户的管线布置类似树枝状而得名。其干管和支管分明，管径由泵站或水塔到用户逐渐减小。

枝状管网特点：管线短、管网布置简单、投资少；可靠性差，在管网末端水量小，水流速度缓慢，甚至停滞不动，容易使水质变坏。

②环状管网。管网中的管道纵横相互接通，形成环状。

环状管网特点：管网供水的可靠性高、能削弱水锤、安全性高；管线长、布置复杂、投资多。

水锤：在突然停电或者阀门关闭太快时，由于压力水流惯性，产生水流冲击波。

（三）布置要求

输水管道应采用相同管径和管材的平行管线，间距宜为 2~5 m，中间用管道连通。连通管的间距视输水管道的长度而定：

当输水管道长度小于 3 km 时，间距 1~1.5 km；

当输水管长度在 3~10 km 时，间距为 2~2.5 km；

当输水管长度在 10~20 km 时，间距为 3~4 km。

通常输水管道被连通管分成 2~3 段时，可满足事故保证率 70%；要做到保证事故率、管道漏水与工程成本的平衡，须慎重考虑连通管的使用。

（四）配水管网的组成

配水管网是由各种大小不同的管段组成，不管枝状管网还是环状管网，按管段的功能均可划分为配水干管、连接管、配水支管和分配管。

配水干管接收输水管道中的水，并将其输送到各供水区。干管管径较大，一般应布置在地形高处，靠近大用户沿城市的主要干道敷设，在同一供水区内可布置若干条平行的干管，其间距一般为 500~800 m。

连接管用于配水干管间的连接，以形成环状管网，保证在干管发生故障关闭事故管段时，能及时通过连接管重新分配流量，从而缩小断水范围，提高供水可靠性。连接管一般沿城市次要干道敷设，其间距为 800~1000 m。

配水支管是把干管输送来的水分配到进户管道和消火栓管道，敷设在供水区的道路下。在供水区内配水支管应尽量均匀布置；尽可能采用环状管线，同时应与不同方向的干管连接。

当采用枝状管网时，配水支管不宜过长，以免管线末端用户水压不足或水质变坏。

分配管（也称为接户管）是连接配水支管与用户的管道，将配水支管中的水输送、分配给用户，供用户使用。一般每一用户有一条分配管即可，但重要用户的分配管可有两条或数条，并应从不同的方向接入，以增加供水的可靠性。

为了保证管网正常供水和便于维修管理，在管网的适当位置上应设置阀门、消火栓、排气阀、泄水阀等附属设备。其布置原则是数量尽可能少，但又要运用灵活。

阀门是控制水流、调节流量和水压的设备，其位置和数量要满足故障管段的切断需要，应根据管线长短、供水重要性和维修管理情况而定。一般干管上每隔 500~1000 m 设一个阀门，并设于连接管的下游；干管与支管相接处，一般在支管上设阀门，以使支管的检修不影响干管供水；干管和支管上消火栓的连接管上均应设阀门；配水管网上两个阀门之间独立管段内消火栓的数量不宜超过 5 个。

消火栓应布置在使用方便、显而易见的地方，距建筑物外墙应不小于 5.0 m，距车行道边不大于 2.0 m，以便消防车取水而又不影响交通。一般常设在人行道边，两个消火栓的间距不应超过 120 m。

排气阀用于排除管道内积存的空气，以减小水流阻力，一般常设在管道的高处。泄水阀用于排空管道内的积水，以便检修时排空管道，一般常设在管道的低处。

给水管道相互交叉时，其最小垂直净距为 0.15 m；给水管道与污水管道、雨水管道或输送有毒液体的管道交叉时，给水管道应敷设在上面，最小垂直净距为 0.4 m，且接口不能重叠；当给水管必须敷设在下面时，应采用钢管或钢套管，钢套管伸出交叉管的长度，每端不得小于 3.0 m，且套管两端应用防水材料封闭，并应保证 0.4 m 的最小垂直净距。

三、给水管材

给水管道为压力流，给水管材应满足下列要求：

1. 要有足够的强度和刚度，以承受在运输、施工和正常输水过程中所产生的各种荷载；

2. 要有足够的密闭性，以保证经济有效的供水；

3. 管道内壁应整齐光滑，以减小水头损失；

4. 管道接口应施工简便且牢固可靠；

5. 应寿命长、价格低廉且有较强的抗腐蚀能力。

在市政给水管道工程中，常用的给水管材主要有：

（一）铸铁管

铸铁管主要用作埋地给水管道，与钢管相比具有制造较易，价格较低，耐腐蚀性较强等优点，其工作压力一般不超过 0.6 MPa；但铸铁管质脆、不耐震动和弯折、重量大。

我国生产的铸铁管有承插式和法兰盘式两种。承插式铸铁管分砂型离心铸铁管、连续铸铁管和球墨铸铁管三种。

球墨铸铁是通过（铸造铁水经添加球化剂后）球化和孕育处理得到球状石墨，有效地提高了铸铁的机械性能，特别是提高了塑性和韧性，从而得到比碳钢还高的强度。

为了提高管材的韧性及抗腐蚀性，可采用球墨铸铁管，其主要成分石墨为球状结构，比石墨为片状结构的灰口铸铁管的强度高，故其管壁较薄，重量较轻，抗腐蚀性能远高于钢管和普通的铸铁管，是理想的市政给水管材。目前，我国球墨铸铁管的产量低、产品规格少，故其价格较高。

法兰盘式铸铁管不适用于做市政埋地给水管道，一般常用作建筑物、构筑物内部的明装管道或地沟内的管道。

（二）钢管

钢管具有自重轻、强度高、抗应变性能比铸铁管及钢筋混凝土压力管好、接口操作方便、承受管内水压力较高、管内水流水力条件好等优点；但钢管的耐腐蚀性能差，使用前应进行防腐处理。

钢管有普通无缝钢管和纵向焊缝或螺旋形焊缝的焊接钢管。大直径钢管通常是在加工厂用钢板卷圆焊接，称为卷焊钢管。

（三）钢筋混凝土压力管

钢筋混凝土压力管按照生产工艺分为预应力钢筋混凝土管和自应力钢筋混凝土管两种，适宜做长距离输水管道，其缺点是质脆、体笨，运输与安装不便；管道转向、分支与变径目前还须采用金属配件。

（四）预应力钢筒混凝土管（PCCP 管）

预应力钢筒混凝土管是由钢板、钢丝和混凝土构成的复合管材，分为两种形式：

一种是内衬式预应力钢筒混凝土管（PCCP-L 管），是在钢筒内衬以混凝土，钢筒外缠绕预应力钢丝，再敷设砂浆保护层而成。

另一种是埋置式预应力钢筒混凝土管（PCCP-E 管），是将钢筒埋置在混凝土里面，然后在混凝土管芯上缠绕预应力钢丝，再敷设砂浆保护层。

（五）塑料管

我国从 20 世纪 60 年代初，就开始用塑料管代替金属管做给水管道。塑料管具有良好的耐腐蚀性及一定的机械强度，加工成型与安装方便，输水能力强、材质轻、运输方便、价格便宜；但其强度较低、刚性差，热胀冷缩性大，在日光下老化速度加快，老化后易于断裂。

目前，国内用作给水管道的塑料管有热塑性塑料管和热固性塑料管两种。热塑性塑料管有硬聚氯乙烯管（UPVC 管）、聚乙烯管（PE 管）、聚丙烯管（PP 管）、苯乙烯管（ABS 工程塑料管）、高密度聚乙烯管（HDPE 管）等。热固性塑料管主要是玻璃纤维增强树脂管（GRP 管），它是一种新型的优质管材，重量轻，施工运输方便，耐腐蚀性强，寿命长，维护费用低，一般用于强腐蚀性土壤处。

（六）给水管材的选择

应根据管径、内压、外部荷载和管道铺设地区的地形、地质、管材的供应等条件，按照安全、耐久、减少漏损、施工和维护方便、经济合理及防止二次污染的原则，通过技术经济、安全等综合分析后确定。通常情况下：球磨铸铁管、钢管应用于市政配水管道与输水管道；非车行道下小管径配水管道可采用塑料管；应力钢筒混凝土管、钢筋混凝土也常用作输水管。

采用金属管时应考虑防腐：内防腐（水泥砂浆衬里）；外防腐（环氧煤沥青、胶黏带、PE 涂层、PP 涂层）；电化学腐蚀（阴极保护）。

四、给水管件

（一）给水管配件

水管配件又称元件或零件。市政给水铸铁管通常采用承插连接，在管道的转弯、分支、变径及连接其他附属设备处，必须采用各种配件，才能使管道及设备正确衔接，也才能正确地设计管道节点的结构，保证正确施工。管道配件的种类非常多，如在管道分支处用的三通（又称丁字管）或四通、转弯处用的各种角度的弯管（又称弯头）、变径处用的变径管（又称异径管、大小头）、改变接口形式采用的各种短管等。

（二）给水管附件

给水管网除了给水管道及配件外，还须设置各种附件（又称管网控制设备），如阀门、消火栓、排气阀、泄水阀等，以配合管网完成输配水任务，保证管网正常工作。常见的给水管附件如下：

1. 阀门

阀门是调节管道内的流量和水压，并在事故时用以隔断事故管段的设备。常用的阀门有闸阀和蝶阀两种。闸阀靠阀门腔内闸板的升降来控制水流通断和调节流量大小，阀门内的闸板有楔式和平行式两种；蝶阀是将闸板安装在中轴上，靠中轴的转动带动闸板转动来控制水流。

2. 止回阀

止回阀又称单向阀或逆止阀。主要是用来控制水流只朝一个方向流动，限制水流向相反方向流动，防止突然停电或其他事故时水倒流。止回阀的闸板上方根部安装在一个铰轴上，闸板可绕铰轴转动，水流正向流动时顶推开闸板过水，反向流动时闸板靠重力和水流作用而自动关闭断水，一般有旋启式止回阀和缓闭式止回阀等。

3. 排气阀

管道在长距离输水时经常会积存空气，这既减小了管道的过水断面积，又增大了水流阻力，同时还会产生气蚀作用，因此，应及时地将管道中的气体排除掉。排气阀就是用来排除管道中气体的设备，一般安装在管线的隆起部位，平时用以排除管内积存的空气，而在管道检修、放空时进入空气，保持排水通畅；同时在产生水锤时可使空气自动进入，避免产生负压。

排气阀应垂直安装在管线上，可单独放置在阀门井内，也可与其他管件合用一个阀门井。排气阀有单口和双口两种，常用单口排气阀。单口排气阀阀壳内设有铜网，铜网里装一空心玻璃球。当管内无气体时，浮球上浮封住排气口；随着管道内空气量的增加，空气升入排气阀上部聚积，使阀内水位下降，浮球靠自身重力随之下降而离开排气口，空气即由排气口排出。

单口排气阀一般用于直径小于 400 mm 的管道上，口径为 DN 16~25 mm。双口排气阀用于直径大于或等于 400 mm 的管道上，口径为 DN 50~200 mm。排气阀口径与管道直径之比一般为 1：12~1：8。

4. 泄水阀

泄水阀是在管道检修时用来排空管道的设备。一般在管线下凹部位安装排水管，在排水管靠近给水管的部位安装泄水阀。泄水阀平时关闭，须排水放空时才开启，用于排除给水管中的沉淀物及放空给水管中的存水。泄水阀的口径应与排水管的管径一致，而排水管的管径须根据放空时间经计算确定。泄水阀通常置于泄水阀井中，泄水阀一般采用闸阀，也可采用快速排污阀。

5. 消火栓

消火栓是消防车取水的设备，一般有地上式和地下式两种。经公安部审定的消火栓"SS100"型地上式消火栓和"SX100"型地下式消火栓两种规格，如采用其他规格时，应取得当地消防部门的同意。

地上式消火栓适用于冬季气温较高的地区，设置在城市道路附近消防车便于靠近处，并涂以红色标志。"SS100"型地上式消火栓设有一个 100 mm 的栓口和两个 65 mm 的栓口。地上式消火栓目标明显，使用方便；但易损坏，有时妨碍交通。

地下式消火栓适用于冬季气温较低的地区，一般安装在阀门井内。"SX100"型地下式消火栓设有 100 mm 和 65 mm 的栓口各一个。地下式消火栓不影响交通，不易损坏；但使用时不如地上式消火栓方便易找。消火栓均设在给水管网的配水管线上，与配水管线的连接有直通式和旁通式两种方式。直通式是直接从配水干管上接出消火栓，旁通式是从配水干管上接出支管后再接消火栓。旁通式应在支管上安装阀门，以利安装、检修。直通式安装、检修不方便，但可防冻。一般每个消火栓的流量为 10~15 L/s。

五、给水管道构造

给水管道为压力流，在施工过程中要保证管材及其接口强度满足要求，并根据实际情况采取防腐、防冻措施；在使用过程中要保证管材不致因地面荷载作用而引起损坏，管道接口不致因管内水压而引起损坏。因此，给水管道的构造一般包括基础、管道、覆土三部分。

（一）基础

给水管道的基础用来防止管道不均匀沉陷，造成管道破裂或接口损坏而漏水。一般情况下有三种基础：

1. 天然基础

当管底地基土层承载力较高，地下水位较低时，可采用天然地基作为管道基础。施工时，将天然地基整平，管道铺设在未经扰动的原状土上即可。为安全起见，可将天然地基夯实后再铺设管道；为保证管道铺设的位置正确，可将槽底做成 90°～135° 的弧形槽。

2. 砂基础

当管底为岩石、碎石或多石地基时，对金属管道应铺垫不小于 100 mm 厚的中砂或粗砂，对非金属管道应铺垫不小于 150 mm 厚的中砂或粗砂，构成砂基础，再在上面铺设管道。

3. 混凝土基础

当管底地基土质松软，承载力低或铺设大管径的钢筋混凝土管道时，应采用混凝土基础。根据地基承载力的实际情况，可采用强度等级不低于 C10 的混凝土带形基础，也可采用混凝土枕基。

混凝土带形基础是沿管道全长做成的基础，而混凝土枕基是只在管道接口处用混凝土块垫起，其他地方用中砂或粗砂填实。

对混凝土基础，如管道采用柔性接口，应每隔一定距离在柔性接口下，留出 600～800 mm 的范围不浇筑混凝土，而用中砂或粗砂填实，以使柔性接口有自由伸缩沉降的空间。

在流砂及淤泥地区，地下水位高，此时应先采取降水措施降低地下水位，然后做混凝土基础。当流砂不严重时，可将块石挤入槽底土层中，在块石间用砂砾找平，然后做基础；当流砂严重或淤泥层较厚时：须先打砂桩，然后在砂桩上做混凝土基础。当淤泥层不厚时，可清除淤泥层换以砂砾或干土做人工垫层基础。

为保证荷载正确传递和管道铺设位置正确，可将混凝土基础表面做成 90°、135°、180° 的管座。

（二）管道

管道是指采用设计要求的管材，常用的给水管材前已述及。

（三）覆土

给水管道埋设在地面以下，其管顶以上应有一定厚度的覆土，以保证管道内的水在冬季不会因冰冻而结冰；在正常使用时管道不会因各种地面荷载作用而损坏。管道的覆土厚度是指管顶到地面的垂直距离。

在非冰冻地区，管道覆土厚度的大小主要取决于外部荷载、管材强度、管道交叉情况及抗浮要求等因素。一般金属管道的最小覆土厚度在车行道下为 0.7 m，在人行道下为 0.6

m；非金属管道的覆土厚度不小于 1.0～1.2 m。当地面荷载较小，管材强度足够，或采取相应措施能确保管道不致因地面荷载作用而损坏时，覆土厚度的大小也可降低。

在冰冻地区，管道覆土厚度的大小，除考虑上述因素外，还要考虑土壤的冰冻深度，一般应通过热力计算确定，通常覆土厚度应大于土壤的最大冰冻深度。当无实际资料不能通过热力计算确定时，管底在冰冻线以下的距离可按下列经验数据确定：

DN≤300 mm 时，为（DN+200）mm；

300<DN≤600 mm 时，为（0.75DN）mm；

DN>600 mm 时，为（0.5DN）mm。

为保证给水管网的正常工作，满足维护管理的需要，在给水管网上还须设置一些附属构筑物。常用的附属构筑物主要有以下四种：

1. 阀门井

给水管网中的各种附件一般都安装在阀门井中，使其有良好的操作和养护环境。阀门井的形状有圆形和矩形两种。阀门井的大小取决于管道的管径、覆土厚度及附件的种类、规格和数量。为便于操作、安装、拆卸与检修，井底到管道承口或法兰盘底的距离应不小于 0.1 m，法兰盘与井壁的距离应大于 0.15 m，从承口外缘到井壁的距离应大于 0.3 m，以便于接口施工。

阀门井一般用砖、石砌筑，也可用钢筋混凝土现场浇筑。其形式、规格和构造参见《市政工程设计施工系列图集》（给水排水工程册）或其他相关资料。当阀门井位于地下水位以下时，井壁和井底应不透水，在管道穿井壁处必须保证有足够的水密性。在地下水位较高的地区，阀门井还应有良好的抗浮稳定性。

2. 泄水阀井

泄水阀一般放置在阀门井中构成泄水阀井，当由于地形因素排水管不能直接将水排走时，还应建造一个与阀门井相连的湿井。当需要泄水时，由排水管将水排入湿井，再用水泵将湿井中的水排走。

3. 支墩

承插式接口的给水管道，在弯管、三通、变径管及水管末端盖板等处，由于水流的作用，都会产生向外的推力。当推力大于接口所能承受的阻力时，就可能导致接头松动脱节而漏水，因此，必须设置支墩以承受此推力，防止漏水事故的发生。

但当管径小于 DN350 mm，且试验压力不超过 980 kPa 时；或管道转弯角度小于 10°时，接头本身均足以承受水流产生的推力，此时可不设支墩。支墩一般用混凝土建造，也可用砖、石砌筑，一般有水平弯管支墩、垂直向下弯管支墩、垂直向上弯管支墩等。给水管道支墩的形状和尺寸参见《市政工程设计施工系列图集》（给水排水工程册）或其他相关资料。

4. 管道穿越障碍物

市政给水管道在通过铁路、公路、河谷时，必须采取一定的措施保证管道安全可靠地通过。管道穿越铁路或公路时，其穿越地点、穿越方式和施工方法，应符合相应的技术规范的要求，并经过铁路或交通部门同意后才可实施。根据穿越的铁路或公路的重要性，一般可采取如下措施：

①穿越临时铁路、一般公路或非主要路线且管道埋设较深时，可不设套管，但应优先选用铸铁管（青铅接口），并将铸铁管接头放在障碍物以外；也可选用钢管（焊接接口），但应采取防腐措施。

②穿越较重要的铁路或交通繁忙的公路时，管道应放在钢管或钢筋混凝土套管内，套管直径根据施工方法而定。大开挖施工时，应比给水管直径大 300 mm，顶管施工时应比给水管直径大 600 mm。套管应有一定的坡度以便排水，路的两侧应设阀门井，内设阀门和支墩，并根据具体情况在低的一侧设泄水阀。

给水管穿越铁路或公路时，其管顶或套管顶在铁路轨底或公路路面以下的深度不应小于 1.2 m，以减轻路面荷载对管道的冲击。

管道穿越河谷时，其穿越地点、穿越方式和施工方法，应符合相应的技术规范的要求，并经过河道管理部门的同意后才可实施。根据穿越河谷的具体情况，一般可采取如下措施：

①当河谷较深，冲刷较严重，河道变迁较快时，应尽量架设在现有桥梁的人行道下面穿越，此种方法施工、维护、检修方便，也最为经济。如不能架设在现有桥梁下穿越，则应以架空管的形式通过。架空管一般采用钢管，焊接连接，两端设置阀门井和伸缩接头，最高点设置排气阀。架空管的高度和跨度以不影响航运为宜，一般矢高和跨度比为 1∶8～1∶6，常用 1∶8。

架空管维护管理方便，防腐性好，但易遭破坏，防冻性差，在寒冷地区必须采取有效的防冻措施。

②当河谷较浅，冲刷较轻，河道航运繁忙，不适宜设置架空管；或穿越铁路和重要公路时，须采用倒虹管。

倒虹管的穿越地点、穿越方式和施工方法，应符合相应的技术规范的要求，并经相关管理部门的同意后才可实施。倒虹管在河床下的深度一般不小于 0.5 m，但在航道线范围内不应小于 1.0 m；在铁路路轨底或公路路面下一般不小于 1.2 m。一般同时敷设两条，一条工作，另一条备用，两端设置阀门井，最低处设置泄水阀以备检修用。一般采用钢管，焊接连接，并加强防腐措施，管径一般比其两端连接的管道的管径小一级，以增大水流速度，防止在低凹处淤积泥沙。

在穿越重要的河道、铁路和交通繁忙的公路时，可将倒虹管置于套管内，套管的管材和管径应根据施工方法确定。

倒虹管具有适应性强、不影响航运、保温性好、隐蔽安全等优点，但施工复杂、检修麻烦，须做加强防腐。

六、给水管道施工

（一）土的物理性质

土的物理性质主要有如下指标表征：

①土的天然密度和重力密度。

②土粒的相对密度。

③土的天然含水量。

④土的干密度和干重度。

⑤土的孔隙比与孔隙率。

⑥土的饱和重度与土的有效重度。

⑦土的饱和度。

⑧土的可松性和可松性系数（表6-1）。

表6-1　土的可松性系数

土的种类	土的可松性系数	
	K_1	K_2
砂土、黏性土	1.08～1.17	1.01～1.03
砂碎石	1.14～1.28	1.02～1.05
种植土、淤泥	1.2～1.3	1.02～1.04
黏土、碎石	1.24～1.3	1.04～1.07
卵石土	1.26～1.32	1.06～1.09
岩石	1.33-1.5	1.1～1.3

⑨不同土的渗透性见表6-2。

表 6-2 土的渗透性

土的种类	土的渗透系数/m/d
黏土	<0.005
粉土	0.1~0.5
粉砂	0.5~1.0
细砂	1.0~5.0
中砂	5.0~20.0
粗砂	20.0~50.0
砾石	50.0~100.0

（二）土的力学性质

1. 土的抗剪强度指标

砂性土：摩擦力。

黏性土：摩擦力、黏聚力。

2. 土的侧土压力

土的侧土压力主要包括主动土压力、被动土压力、静止土压力。

（三）土的分类

1.《建筑地基基础设计规范》（GB 50007—2002）中将土分为六类：岩石；碎石土；砂土；粉土；黏性土：黏性粉土、黏土；人工填土：素填土、杂填土、冲填土。

2. 按土石坚硬程度和开挖方法，土石可分 8 类（表 6-3）。

表 6-3 土石的分类

土的类型	土的名称	开挖方法
一类土	松软土	锹
二类土	普通土	锹、镐
三类土	坚土	镐
四类土	砂砾坚土	镐、撬棍
五类土	软岩	镐、撬棍、大锤、工程爆破
六类土	次坚石	工程爆破
七类土	坚石	工程爆破
八类土	特坚石	工程爆破

（四）沟槽开挖

沟槽开挖施工方案所包含的内容如下：

1. 沟槽施工平面布置图及开挖断面图。

2. 沟槽形式、开挖方法及堆土要求。

3. 无支撑沟槽的边坡要求。

4. 施工设备机具的型号、数量及作业要求。

5. 不良土质开挖的措施。

（五）沟槽开挖方法

1. 人工开挖

在小管径，土方量少或施工现场狭窄，地下障碍物多，不易采用机械挖土或深槽作业时，底槽须支偿无法采用机械挖土时，通常采用人工挖土。人工挖土使用的主要工具为铁锹、镐，主要施工工序为放线、开挖、修坡、清底等。

①开挖深 2 m 以内的沟槽，人工挖土与沟槽内出土宜结合在一起进行。较深的沟槽，宜分层开挖，每层开挖深度一般在 2~3 m 为宜，利用层间留台人工倒土出土。在开挖过程中应控制开挖断面将槽帮边坡挖出，槽帮边坡应不陡于规定坡度。

②槽底土壤严禁扰动。挖槽在接近槽底时，要加强测量，注意清底，不要超挖。如果发生超挖，应按规定要求进行回填，槽底保持平整，槽底高程及槽底中心每侧宽度均应符合设计要求。

③沟槽开挖时应注意施工安全，操作人员应有足够的安全施工工作面，防止铁锹、镐伤人。槽帮上如有石块碎砖应清走。原沟槽每隔 50 m 设一座梯子，上下沟槽应走梯子。在槽下作业的工人应戴安全帽。当在深沟内挖土清底时，沟上要有专人监护，注意沟壁的完好，确保作业的安全，防止沟壁塌方伤人。每日上下班前，应检查沟槽有无裂缝、坍塌等现象。

2. 机械开挖

为了减轻繁重的体力劳动，加快沟槽施工速度，提高劳动生产效率，目前，多采用机械开挖、人工清底的施工方法。为了充分发挥机械施工的特点，提高机械利用率，保证安全生产，施工前的准备工作应做细，并合理选择施工机械。常用的挖土机械主要有推土机、单斗挖土机、多斗挖土机、装载机等。

①机械挖槽，应保证槽底土壤不被扰动和破坏，一般来说机械不可能准确地将槽底按

规定高程整平，设计槽底以上宜留 20 cm 左右不挖，而用人工清挖的施工方法。

②采用机械挖槽时，应向机械作业驾驶员详细交底，交底内容一般包括挖槽断面（深度、槽帮坡度、宽度）的尺寸，堆土位置、电线高度、地下电缆、地下构筑物及施工要求，并根据情况会同机械操作人员制定安全生产措施后，方可进行施工。机械驾驶员进入施工现场后应听从现场指挥人员的指挥，对现场涉及机械、人员安全情况应及时提出意见，妥善解决，确保安全。

③指定专人与机械作业驾驶员配合，保质保量，安全生产。其他配合人员应熟悉机械挖土有关安全操作规程，掌握沟槽开挖断面尺寸，计算出应挖深度，及时测量槽底高程和宽度，防止超挖和欠挖，经常查看沟槽有无裂缝，坍塌迹象，注意机械工作安全。

④配合机械作业的土方辅助人员，如清底、平底、修坡人员应在机械的回转半径以外操作，如必须在半径以内工作时，如刨拨石块的人员，应在机械运转停止后方允许进入操作区。机上机下人员应彼此密切配合，当机械回转半径内有人时，严禁开动机器。

⑤在地下电缆附近工作时，必须查清地下电缆的走向并做好明显的标志。采用挖土机挖土时应严格保持在 1 m 以外距离工作。其他各类管线也应查清走向，开挖断面应在管线外保持一定距离，一般以 0.5~1 m 为宜。

⑥机械挖槽应保证槽底土壤不被扰动和破坏，一般来说机械不可能准确地将槽底按规定高程整平，设计槽底以上宜留 20 cm 左右不挖，而用人工清挖的施工方法。

3. 沟槽堆土

在沟槽开挖之前，应根据施工环境、施工季节和作业方式，制订安全、易行、经济合理的堆土、弃土、回运土的施工方案及措施。

①沟槽每侧临时堆土，不得影响建筑物，各种管线和其他设施的安全，不得掩埋消火栓、管道闸阀、雨水口、测量标志及地下管道的井盖，并不得妨碍其正常使用。人工挖槽时，堆土高度不宜超过 1.5 m，且距槽口边缘不宜小于 0.8 m。

②在靠近建筑物和墙堆土时，须对土压力与墙体结构承载力进行核算；一般较坚实的砌体，房屋堆土高度不超过檐高的 1/3，同时不超过 1.5 m；严禁靠近危险房和危险墙堆土。

③在城镇市区开槽的堆土时，路面、渣土与下层好土分别堆放，堆土要整齐，便于路面回收利用及保证市容整洁；合理安排车辆、行人路线，保证交通安全。在适当的距离要留出运输交通路口；堆土高度不宜超过 2 m；堆土坡度不陡于自然休止角。

④尽量不要在高压线和变压器附近堆土。如必须堆土时应事先会同供电部门及有关单位勘察确定堆土方案，按供电部门的有关规定办理。要考虑堆、取土机械及行人攀缘的安

全因素，也要考虑雨雪天的安全因素。

（六）地基处理

1．管道地基应符合设计要求，管道天然地基的强度不能满足设计要求时应按设计要求加固。

2．槽底局部超挖或发生扰动时，处理应符合下列规定：

（1）超挖深度不超过150 mm时，可用挖槽原土回填夯实，其压实度不应低于原地基土的密实度。

（2）槽底地基土壤含水量较大，不适于压实时，应采取换填等有效措施。

3．排水不良造成地基土扰动时，可按以下方法处理：

（1）扰动深度100 mm以内，宜填天然级配砂石或砂砾处理。

（2）扰动深度在300 mm以内，但下部坚硬时，宜填卵石或块石，再用砾石填充空隙并找平表面。

4．设计要求换填时，应按要求清槽，并经检查合格；回填材料应符合设计要求或有关规定。

5．灰土地基、砂石地基和粉煤灰地基施工前必须按《给水排水管道工程施工及验收规范》（GB 50268—2008）第4.4.1条规定验槽并处理。

6．采用其他方法进行管道地基处理时，应满足国家有关规范规定和设计要求。

7．柔性管道处理宜采用砂桩、搅拌桩等复合地基。

（七）下管施工

1．下管方法

把管子从地面放到挖好的并已做基础的沟槽内叫作下管。一般分为人工下管和机械下管两种。亦可分为分散下管和集中下管两种方式。

应以施工安全、操作方便为原则，并根据工人操作的熟练程度、管径大小，每节管子的长度和重量、管材和接口强度、施工环境、沟槽深度及吊装设备供应条件等，合理地确定下管方法。在混凝土基础上安装管时，混凝土强度必须达到设计强度的50%才可下管。

（1）人工下管

①当管径较小、管重较轻时，如陶土管、塑料管、直径400 mm以下的铸铁管、直径600 mm以下的钢筋混凝土管，可采用人工方法下管。

②大口径管，只有在缺乏吊装设备和现场条件不允许机械下管时，可采用人工下管。

③当在管径小，重量轻，施工现场窄狭，不便于机械操作，工程量较小，而且机械供应有困难时采用人工下管。

（2）机械下管

在管径大、自重大，沟槽深、工程量大，施工现场便于机械操作时，采用机械下管的方法。

2. 槽内运管

管道下管有两种方式，一种是分散下管，另一种是集中下管。

分散下管是将管道沿沟槽边顺序排列，依次下到沟槽内，这种下管方式避免了槽内运管，多用于较小管径、无支撑等有利于分散下管的环境条件。

集中下管则是将管道相对集中地下到沟槽内某处，然后将管道再运送到沟槽内所需要的位置，因此，集中下管必须进行槽内运管。该下管方式一般用于管径较大，沟槽两侧堆土，场地狭窄或沟槽内有支撑等情况。由于在槽下，特别是在支撑槽的槽下，使用机械运管非常困难，故这一工作一般都是由人工来完成。

3. 排管施工

对承插接口的管道，一般情况下宜使承口迎着来水方向排列，这样可以减小水流对接口填料的冲刷，避免接口漏水；在斜坡地区铺管，以承口朝上坡（地形的高端）为宜。

但在实际工程中，考虑到施工的方便，在局部地段，有时亦可采用承口背着水流方向排列。若顾及排管方向要求，分支管配件连接应采用承口顺水流方向，但自闸门后面的插盘短管的插口与下游管段承口连接时，必须在下游管段插口处设置一根横木作为后背，其后续每连接一根管子，均须设置一根横木，安装十分麻烦。如果采用承口背水流方向分支管配件连接方式，其分支管虽然为承口背着水流方向排管，但其上承盘短管的承口与下游管段的插口连接，以及后续各节管子连接时均无须设置横木作为后背，施工十分方便。

4. 稳管施工

稳管就是将管道按设计高程与平面位置稳定在地基或基础上。管道应放在管沟中心，其允许偏差不得大于 100 mm。管道应稳妥地安放在管沟中，管下不得有悬空现象，以防管道承受附加应力，这就需要加大对管道位置的控制。

管道位置控制，不仅包括管道轴线位置控制和管道高程控制，还应包括管道承插接口的排列方向、间隙及管道的转角和借距，重力流管道的水力要素与管道铺设的坡度更有直接的关系，因此，管道的位置控制对保证管道功能的正常发挥及设计要求的实现，具有重要意义。

（1）稳管方向

对承插接口的管道，一般情况下宜使承口迎着水流方向排列，这样可以减少水流对接口填料的冲刷，避免接口漏水；在斜坡地区铺管，以承口朝上坡为宜。

但在管道工程实际施工中，往往基于施工的方便，在局部地段也可采用承口背着水流的方向排列。

（2）管道轴线

管道轴线位置控制，也就是对中，即使管道中心线与设计中心线在同一平面上。对中质量在排水管道中要求在±15 mm 范围内，如果中心线偏离较大，则应调整管子，直至符合要求为止。

（3）转角与借距

排管时，当遇到地形起伏变化较大，新旧管道接通或跨越其他地下设施等情况时，可采用管道反弯借高找正作业。一般情况下，可采用90°弯头、45°弯头、22.5°弯头、11.25°弯头进行管道转弯；如果弯曲角度小于11°时，则可采用管道自弯借转作业。

（4）管道高程

通常采用在坡度板上钉高程钉的方法来进行对高作业，以控制或调整管道的高程或坡度。

稳管时，可在坡度板上标出高程钉，相邻两块坡度板的高程钉分别到管底标高的垂直距离相等，则两高程钉之间连线的坡度就等于管底坡度，该连线称作坡度线。坡度线上任意一点到管底的垂直距离为一个常数，称作对高数。

进行对高作业时，使用丁字形对高尺。尺上刻有坡度线与管底之间距离的标记，即为对高读数。将高程尺垂直放在管内底中心位置（当以管顶高程为基础选择常数时，高程尺应放在管顶），调整管子高程，当高程尺上的刻度与坡度线重合时，表明管内底高程正确，否则须采取挖填沟底方法予以调正。值得注意的是坡度线不宜太长，应防止坡度线下垂，影响管道高程。

5. 管道接口

给水排水管道的密闭性和耐久性，在很大程度上取决于管道接口的连接质量，因此，管道接口应具有足够的强度和不透水性，能抵抗污水和地下水的侵蚀，并富有一定的弹性。根据管道接口弹性大小的不同，可以将接口分为柔性接口和刚性接口两大类。

（1）柔性接口

常用的柔性接口有石棉沥青带接口、沥青麻布接口和沥青砂浆灌口三种。

（2）刚性接口

常用的刚性接口有水泥砂浆抹带接口、钢丝网水泥砂浆抹带接口两种。

第二节　排水管道工程开槽施工

一、排水管道系统的体制

城市污水是指城市中排放的各种污水和废水的统称，通常包括综合生活污水、工业废水和入渗地下水；在合流制排水系统中，还包括被截流的雨水。城市污水和雨水一般都由市政排水管道进行收集和输送，在一个地区内收集和输送城市污水和雨水的方式称为排水制度。它有合流制和分流制两种基本形式。

（一）合流制

合流制是指用同一管渠系统收集和输送城市污水和雨水的排水方式。根据污水汇集后处置方式的不同，可把合流制分为以下三种情况：

1. 直排式合流制

管道系统的布置就近坡向水体，管道中混合的污水未经处理就直接排入水体，我国许多老城市的旧城区大多采用这种排水体制。这是因为以前工业不发达，城市人口不多，生活污水和工业废水量不大，直接排入水体后对环境造成的污染还不明显。但随着城市和工业的发展，人们的生活水平不断提高，污水量不断增加且水质日趋复杂，造成的污染将日益严重。因此，这种方式目前不宜采用。

2. 截流式合流制

在沿河岸边铺设一条截流干管，同时在截流干管上设置溢流井，并在下游设置污水处理厂，它是直排式发展的结果。

晴天时，管道中只输送旱流污水，并将其在污水处理厂中进行处理后再排放。雨天时降雨初期，旱流污水和初降雨水被输送到污水处理厂经处理后排放，随着降雨量的不断增大，生活污水、工业废水和雨水的混合液也在不断增加，当该混合液的流量超过截流干管的截流能力后，多余的混合液就经溢流井溢流排放。该溢流排放的混合污水同样会对受纳水体造成污染（有时污染更甚），因此，只有在下述情况下才能考虑采用截流式合流制：

①排水区域内有一处或多处水源充沛的水体，其流量和流速都足够大，一定量的混合

污水排入后对水体造成的污染危害程度在允许的范围内。

②街坊和街道建设比较完善，必须采用暗管（渠）排除雨水，而街道横断面又比较窄，管渠的设置受到限制。

③地面有一定的坡度倾向水体，当水体高水位时岸边不受淹没，污水在中途不需要泵汲。

3. 完全合流制

将污水和雨水合流于一条管渠内，全部送往污水处理厂进行处理后再排放。此时，污水处理厂的设计负荷大，要容纳降雨的全部径流量，这就给污水处理厂的运行管理带来很大的困难，其水量和水质的经常变化也不利于污水的生物处理；同时，处理构筑物过大，平时也很难全部发挥作用，造成一定程度的浪费。

（二）分流制

分流制指用不同管渠分别收集和输送各种城市污水和雨水的排水方式。排除综合生活污水和工业废水的管渠系统称为污水排水系统；排除雨水的管渠系统称为雨水排水系统。根据排除雨水方式的不同，分流制分为以下两种情况：

1. 完全分流制

完全分流制是将城市的生活污水和工业废水用一条管道排除，而雨水用另一条管道来排除的排水方式。完全分流制中有一条完整的污水管道系统和一条完整的雨水管道系统。这样可将城市的综合生活污水和工业废水送至污水处理厂进行处理，克服了完全合流制的缺点，同时减小了污水管道的管径。但完全分流制的管道总长度大，且雨水管道只在雨季才发挥作用，因此，完全分流制造价高，初期投资大。

2. 不完全分流制

受经济条件的限制，在城市中只建设完整的污水排水系统，不建雨水排水系统，雨水沿道路边沟排除，或为了补充原有渠道系统输水能力的不足而只建一部分雨水管道，待城市发展后再将其改造成完全分流制。

排水体制的选择，应根据城市和工业企业规划、当地降雨情况、排放标准、原有排水设施、污水处理和利用情况、地形和水体等条件，在满足环境保护要求的前提下，通过技术经济比较，综合考虑而定。一般情况下，新建的城市和城市的新建区宜采用分流制和不完全分流制；老城区的合流制宜改造成截流式合流制；在干旱和少雨地区也可采用完全合流制。

二、排水管道系统的组成

排水系统是指收集、输送、处理和利用污水和雨水的工程设施以一定的方式组合而成的总体。通常由排水管道系统和污水处理系统组成。

排水管道系统的作用是收集、输送污（废）水，由管渠、检查井、泵站等设施组成。在分流制排水系统中包括污水管道系统和雨水管道系统；在合流制排水系统中只有合流制管道系统。

污水管道系统是收集、输送综合生活污水和工业废水的管道及其附属构筑物；雨水管道系统是收集、输送、排放雨水的管道及其附属构筑物；合流制管道系统是收集、输送综合生活污水、工业废水和雨水的管道及其附属构筑物；污水处理系统的作用是对污水进行处理和利用，包括各种处理构筑物。

（一）污水管道系统的组成

城市污水管道系统包括小区污水管道系统和市政污水管道系统两部分。

小区污水管道系统主要是收集小区内各建筑物排除的污水，并将其输送到市政污水管道系统中。一般由接户管、小区支管、小区干管、小区主干管和检查井、泵站等附属构筑物组成。

接户管承接某一建筑物出户管排出的污水，并将其输送到小区支管；小区支管承接若干接户管的污水，并将其输送到小区干管；小区干管承接若干个小区支管的污水，并将其输送到小区主干管；小区主干管承接若干个小区干管的污水，并将其输送到市政污水管道系统中。市政污水管道系统主要承接城市内各小区的污水，并将其输送到污水处理系统，经处理后再排放利用。一般由支管、干管、主干管和检查井、泵站、出水口及事故排出口等附属构筑物组成。

支管承接若干小区主干管的污水，并将其输送到干管中；干管承接若干支管中的污水，并将其输送到主干管中；主干管承接若干干管中的污水，并将其输送到城市污水处理厂进行处理。

（二）雨水管道系统的组成

降落在屋面上的雨水由天沟和雨水斗收集，通过落水管输送到地面，与降落在地面上的雨水一起形成地表径流，然后通过雨水口收集流入小区的雨水管道系统，经过小区的雨水管道系统流入市政雨水管道系统，然后通过出水口排放。因此，雨水管道系统包括小区雨水管道系统和市政雨水管道系统两部分。

小区雨水管道系统是收集、输送小区地表径流的管道及其附属构筑物，包括雨水口、小区雨水支管、小区雨水干管、雨水检查井等。

市政雨水管道系统是收集小区和城市道路路面上的地表径流的管道及其附属构筑物。包括雨水支管、雨水干管和雨水口、检查井、雨水泵站、出水口等附属构筑物。

雨水支管承接若干小区雨水干管中的雨水和所在道路的地表径流，并将其输送到雨水干管；雨水干管承接若干雨水支管中的雨水和所在道路的地表径流，并将其就近排放。

（三）合流制管道系统

合流管道系统是收集输送城市综合生活污水、工业废水和雨水的管道及其附属构筑物，包括小区合流管道系统和市政合流管道系统两部分，由污水管道系统和雨水口构成。雨水经雨水口进入合流管道，与污水混合后一同经市政合流支管、合流干管、截流主干管进入污水处理厂，或通过溢流井溢流排放。

三、排水管道系统的布置

（一）布置形式

在城市中，市政排水管道系统的平面布置，随着城市地形、城市规划、污水处理厂位置、河流位置及水流情况、污水种类和污染程度等因素而定。在这些影响因素中，地形是最关键的因素，按城市地形考虑可有正交式、截流式、平行式、分区式、分散式和环绕式六种布置形式。

（二）布置原则和要求

排水管道系统布置时应遵循的原则是：尽可能在管线较短和埋深较小的情况下，让最大区域的污水能自流排出。管道布置时一般按主干管、干管、支管的顺序进行。其方法是首先确定污水处理厂或出水口的位置，然后依次确定主干管、干管和支管的位置。

污水处理厂一般布置在城市夏季主导风向的下风向、城市水体的下游，并与城市或农村居民点至少有 500 m 以上的卫生防护距离。污水主干管一般布置在排水流域内较低的地带，沿集水线敷设，以便干管的污水能自流接入。污水干管一般沿城市的主要道路布置，通常敷设在污水量较大、地下管线较少一侧的道路下。污水支管一般布置在城市的次要道路下，当小区污水通过小区主干管集中排出时，应敷设在小区较低处的道路下；当小区面积较大且地形平坦时，应敷设在小区四周的道路下。

雨水管道应尽量利用自然地形坡度，以最短的距离靠重力流将雨水排入附近的水体中。当地形坡度大时，雨水干管宜布置在地形低处的主要道路下；当地形平坦时，雨水干管宜布置在排水流域中间的主要道路下。雨水支管一般沿城市的次要道路敷设。

排水管道应尽量布置在人行道、绿化带或慢车道下。当道路红线宽度大于 50 m 时，应双侧布置，这样可减少过街管道，便于施工和养护管理。

为了保证排水管道在敷设和检修时互不影响、管道损坏时不影响附近建（构）筑物、不污染生活饮用水，排水管道与其他管线和建（构）筑物间应有一定的水平距离和垂直距离。

四、排水管材

（一）对排水管材的要求

1. 必须具有足够的强度，以承受外部的荷载和内部的水压，并保证在运输和施工过程中不致破裂。

2. 应具有抵抗污水中杂质的冲刷磨损和抗腐蚀的能力。

3. 必须密闭不透水，以防止污水渗出和地下水渗入。

4. 内壁应平整光滑，以尽量减小水流阻力。

5. 应就地取材，以降低施工费用。

（二）常用排水管材

1. 混凝土管和钢筋混凝土管

混凝土管和钢筋混凝土管适用于排除雨水和污水，分混凝土管、轻型钢筋混凝土管和重型钢筋混凝土管三种，管口有承插式、平口式和企口式三种形式。

混凝土管的管径一般小于 450 mm，长度多为 1 m，一般在工厂预制，也可现场浇制。当管道埋深较大或敷设在土质不良地段，以及穿越铁路、城市道路、河流、谷地时，通常采用钢筋混凝土管。钢筋混凝土管按照承受的荷载要求分轻型钢筋混凝土管和重型钢筋混凝土管两种。混凝土管和钢筋混凝土管便于就地取材，制造方便，在排水管道工程中得到了广泛应用。其主要缺点是抵抗酸、碱侵蚀及抗渗性能差；管节短、接头多、施工麻烦；自重大、搬运不便。

2. 陶土管

陶土管由塑性黏土制成，为了防止在焙烧过程中产生裂缝，通常加入一定比例的耐火黏土和石英砂，经过研细、调和、制坯、烘干、焙烧等过程制成。根据需要可制成无釉、单面釉和双面釉的陶土管。若加入耐酸黏土和耐酸填充物，还可制成特种耐酸陶土管。陶土管一般为圆形断面，有承插口和平口两种形式。

普通陶土管的最大公称直径为 300 mm，有效长度为 800 mm，适用于小区室外排水管道。耐酸陶土管的最大公称直径为 800 mm，一般在 400 mm 以内，管节长度有 300 mm、500 mm、700 mm、1000 mm 四种，适用于排除酸性工业废水。

带釉的陶土管管壁光滑，水流阻力小，密闭性好，耐磨损，抗腐蚀。

陶土管质脆易碎，不宜远运；抗弯、抗压、抗拉强度低；不宜敷设在松软土中或埋深较大的地段。此外，管节短、接头多、施工麻烦。

3. 金属管

金属管质地坚固，强度高，抗渗性能好，管壁光滑，水流阻力小，管节长，接口少，施工运输方便。但价格昂贵，抗腐蚀性差，因此，在市政排水管道工程中很少用。只有在地震烈度大于 8 度或地下水位高，流沙严重的地区；或承受高内压、高外压及对渗漏要求特别高的地段才采用金属管。

常用的金属管有铸铁管和钢管。排水铸铁管耐腐蚀性好，经久耐用；但质地较脆，不耐震动和弯折，自重较大。钢管耐高压、耐震动、重量比铸铁管轻，但抗腐蚀性差。

4. 排水渠道

在很多城市，除采用上述排水管道外，还采用排水渠道。排水渠道一般有砖砌、石砌、钢筋混凝土渠道，断面形式有圆形、矩形、半椭圆形等。

砖砌渠道应用普遍，在石料丰富的地区，可采用毛石或料石砌筑，也可用预制混凝土砌块砌筑，对大型排水渠道，可采用钢筋混凝土现场浇筑。

5. 新型管材

随着新型建筑材料的不断研制，用于制作排水管道的材料也日益增多，新型排水管材不断涌现，如英国生产的玻璃纤维筋混凝土管和热固性树脂管；日本生产的离心混凝土管，其性能均优于普通的混凝土管和钢筋混凝土管。在国内，口径在 500 mm 以下的排水管道正日益被 UPVC 加筋管代替，口径在 1000 mm 以下的排水管道正日益被 PVC 管代替，口径在 900～2 600 mm 的排水管道正在推广使用塑料螺旋管（HDPE 管），口径在 300～1400 mm 的排水管道正在推广使用玻璃纤维缠绕增强热固性树脂夹砂压力管（玻璃钢夹砂管）。但新型排水管材价格昂贵，使用受到了一定程度的限制。

（三）管渠材料的选择

选择排水管渠材料时，应在满足技术要求的前提下，尽可能就地取材，采用当地易于自制、便于供应和运输方便的材料，以使运输和施工费用降至最低。

根据排除的污水性质，一般情况下，当排除生活污水及中性或弱碱性（pH＝8～11）的工业废水时，上述各种管材都能使用。排除碱性（pH>11）的工业废水时可用砖渠，或在钢筋混凝土渠内做塑料衬砌。排除弱酸性（pH＝5～6）的工业废水时可用陶土管或砖渠。排除强酸性（pH<5）的工业废水时可用耐酸陶土管、耐酸水泥砌筑的砖渠或用塑料衬砌的钢筋混凝土渠。

根据管道受压、埋设地点及土质条件，压力管段一般采用金属管、玻璃钢夹砂管、钢筋混凝土管或预应力钢筋混凝土管。在地震区、施工条件较差的地区，以及穿越铁路、城市道路等，可采用金属管。一般情况下，市政排水管道经常采用混凝土管、钢筋混凝土管。

五、排水管道构造

排水管道为重力流，由上游至下游管道坡度逐渐增大，一般情况下管道埋深也会逐渐增加，在施工时除保证管材及其接口强度满足要求外，还应保证在使用中不致因地面荷载引起损坏。由于排水管道的管径大、重量大、埋深大，这就要求排水管道的基础要牢固可靠，以免出现地基的不均匀沉陷，使管道的接口或管道本身损坏，造成漏水现象。因此，排水管道的构造一般包括基础、管道、覆土三部分。

六、排水渠道构造

排水渠道的构造一般包括渠顶、渠底和渠身。渠道的上部叫渠顶，下部叫渠底，两壁叫渠身。通常将渠底和基础做在一起，渠顶做成拱形，渠底和渠身扁光、勾缝，以使水力性能良好。

七、排水管网附属构筑物的构造

（一）检查井

在排水管渠系统上，为便于管渠的衔接，以及对管渠进行定期检查和清通，必须设置检查井。检查井通常设在管渠交汇、转弯、管渠尺寸或坡度改变、跌水等处，以及相隔一定距离的直线管渠段上。

根据检查井的平面形状，可将其分为圆形、方形、矩形或其他不同的形状。方形和矩形检查井用在大直径管道上，一般情况下均采用圆形检查井。检查井由井底（包括基础）、井身和井盖（包括盖座）三部分组成。

井底一般采用低标号的混凝土，基础采用碎石、卵石、碎砖夯实或低标号混凝土。为使水流通过检查井时阻力较小，井底宜设半圆形或弧形流槽，流槽直壁向上升展。污水管道的检查井流槽顶与上、下游管道的管顶相平，或与 0.85 倍大管管径处相平；雨水管渠和合流管渠的检查井流槽顶可与 0.5 倍大管管径处相平。流槽两侧至检查井井壁间的底板（称为沟肩）应有一定的宽度，一般不小于 200 mm，以便养护人员下井时立足，并应有2%～5%的坡度坡向流槽，以防检查井积水时淤泥沉积。在管渠转弯或几条管渠交汇处，为使水流畅通，流槽中心线的弯曲半径应按转角大小和管径大小确定，但不得小于大管的管径。

检查井工作室是养护人员下井进行临时操作的地方，不能过分狭小，其直径不能小于 1 m，其高度在埋深允许时一般采用 1.8 m。为降低检查井的造价，缩小井盖尺寸，井筒直径一般比工作室小，但为了工人检修时出入方便，其直径不应小于 0.7 m。井筒与工作室之间用锥形渐缩部连接，渐缩部的高度一般为 0.6～0.8 m，也可在工作室顶偏向出水管渠一侧加钢筋混凝土盖板梁，井筒则砌筑在盖板梁上。为便于养护人员上下，井身在偏向进水管渠的一边应保持一壁直立。

井盖可采用铸铁、钢筋混凝土、新型复合材料或其他材料，为防止雨水流入，盖顶应略高出地面。盖座采用与井盖相同的材料。井盖和盖座均为厂家预制，施工前购买即可。

（二）雨水口

雨水口是在雨水管渠或合流管渠上设置的收集地表径流的雨水的构筑物。地表径流的雨水通过雨水口连接管进入雨水管渠或合流管渠，使道路上的积水不至于漫过路缘石，从而保证城市道路在雨天时正常使用，因此雨水口俗称收水井。

雨水口一般设在道路交叉口、路侧边沟的一定距离处以及设有道路缘石的低洼地方，在直线道路上的间距一般为 25～50 m，在低洼和易积水的地段，要适当缩小雨水口的间距。当道路纵坡大于 0.02 时，雨水口的间距可大于 50 m，其形式、数量和布置应根据具体情况和计算确定。

雨水口的构造包括进水箅、井筒和连接管三部分。

进水箅可用铸铁、钢筋混凝土或其他材料做成，其箅条应为纵横交错的形式，以便收集从路面上不同方向上流来的雨水。井筒一般用砖砌，深度不大于 1 m，在有冻胀影响的地区，可根据经验适当加大。雨水口的构造和各部位的尺寸详见《市政工程设计施工系列图集》（给水排水工程册）或其他相关资料。雨水口通过连接管与雨水管渠或合流管渠的检查井相连接。连接管的最小管径为 200 mm，坡度一般为 0.01，长度不宜超过 25 m。

根据需要在路面等级较低、积秽很多的街道或菜市场附近的雨水管道上，可将雨水口做成有沉泥槽的雨水口，以避免雨水中挟带的泥沙淤塞管渠，但须经常清掏，增加了养护工作量。

（三）倒虹管

排水管道遇到河流、洼地或地下构筑物等障碍物时，不能按原有的坡度埋设，而是按下凹的折线方式从障碍物下通过，这种管道称为倒虹管。它由进水井、下行管、平行管、上行管和出水井组成。

进水井和出水井均为特殊的检查井，在井内设闸板或堰板以根据来水流量控制倒虹管启闭的条数，进水井和出水井的水面高差要足以克服倒虹管内产生的水头损失。

平行管管顶与规划河床的垂直距离不应小于 1.0 m，与构筑物的垂直距离应符合与该构筑物相交的有关规定。上行管和下行管与平行管的交角一般不大于 30%。

八、钢筋与预应力钢筋混凝土管道安装

（一）施工准备

1. 校核中线、定施工控制桩；在引测水准点时，同时校测原有管道出入口与本管线交叉管线的高程。

2. 放沟槽开挖线：根据设计要求的埋深、土层情况、管径大小等计算出开槽宽度、深度，在地面上定出沟槽上口边线位置作为开槽的依据。

3. 在开槽前后应设置控制管道中心线、高程和坡度的坡度板，一般均跨槽埋设。当槽深在 2.5 m 之内时，应于开槽前在槽上口每隔 10~15 m 埋设一块。

4. 坡度板埋设要牢固，其顶面要保持水平。坡度板埋好后，应将管道中线投测到坡度板上。

5. 为了控制管道的埋设，在已钉好的坡度板上测设坡度钉，使各坡度钉的连接平行于管道设计坡度线，利用下反数来控制管道坡度和高程。

6. 钉好坡度钉后，立尺于坡度钉上，检查实读前视与应读前视是否一致，误差在 ±2 mm 之内。

7. 为防止观测或计算中的错误，每测一段后应复合到另一个水准点上进行校核。

8. 管沟沿线各种地下、地上障碍物和构筑物已拆除或改移。

9. 沟沿两侧 1.5 m 范围内不得堆放施工材料和其他物品；并根据土质情况，按要求留出一定的坡度等防塌方措施。

10. 管材、管件及其配件齐全。

11. 标高控制点等各种基线测放完毕。

（二）沟槽开挖

1. 槽底开挖宽度等于管道结构基础宽度加两侧工作面宽度，每侧工作面宽度应不小于 300 mm；

2. 用机械开槽或开挖沟槽后，当天不能进行下一道工序作业时，沟底应留出 200 mm 左右的一层土不挖，待下道工序前用人工清挖。

3. 沟槽土方应堆在沟的一侧，便于下道工序作业。

4. 堆土底边与沟边应保持一定的距离，不得小于 1 m，高度应小于 1.5 m。

5. 堆土时严禁掩埋消火栓，地面井盖及雨水口，不得掩埋测量标志及道路附属构筑物等。

6. 人工挖槽深度宜为 2 m 左右。

7. 人工开挖多层槽的层间留出宽度应不小于 500 mm。

8. 槽底高程的允许偏差不得超过下列规定：

（1）设基础的重力流管道沟槽，允许偏差为±10 mm；

（2）非重力流无管道基础的沟槽，允许偏差为±20 mm。

（三）管道安装

1. 基底钎探

（1）基槽（坑）挖好后，应将槽清底检查，并进行钎探。如遇松软土层、杂土层等深于槽底标高时，应予以加深处理。

（2）打钎可用人工打钎直径 25 mm，钎头为 60°尖锤状，长为 20 m。打钎用的 10 kg 穿心锤，举锤高度为 500 mm。打钎时，每打入 300 mm，记录锤击数一次，并填入规定的表格中。一般分五步打，钢钎上留 500 mm。钎探点的记录编号应与注有轴线尺寸和编号顺序的钎探点平面布置图相符。

（3）钎探后钎孔要进行灌砂，并应将不同强度等级的土在记录上用色笔或符号分开。在平面布置图上应注明特硬和较软的点的位置，以便分析处理。

2. 地基处理

（1）地基处理应按设计规定进行；施工中遇有与设计不符的松软地基及杂土层等情况，应会同设计协商解决。

（2）挖槽应控制槽底高程，槽底局部超挖宜按以下方法处理：

①含水量接近最佳含水量的疏干槽超挖深度小于或等于 150 mm 时，可用含水量接近

最佳含水量的挖槽原土回填夯实，其压实度不应低于原天然地基上的密实度，或用石灰土处理，其压实度不应低于 95%；

②槽底有地下水或地基土壤含水量较大，不适于压实时，可用天然级配砂石回填夯实。

（3）排水不良造成地基土壤扰动，可按以下方法处理：

①扰动深度在 100 mm 以内，可换天然级配砂石或砂砾石处理；

②扰动深度在 300 mm 以内，但下部坚硬时，可换大卵石或填块石，并用砾石填充空隙和找平表面。填块石时应由一端顺序进行，大面向下，块与块相互挤紧。

（4）设计要求采用换土方案时，应按要求清槽，并经检查合格，方可进行换土回填。回填材料、操作方法及质量要求，应符合设计规定。

3. 钢筋混凝土管接口连接

（1）管节的规格、性能、外观质量及尺寸公差应符合国家有关标准的规定。

（2）管节安装前应进行外观检查，发现裂缝、保护层脱落、空鼓、接口掉角等缺陷，应修补并经鉴定合格后方可使用。

（3）管节安装前应将管内外清扫干净，安装时应使管道中心及内底高程符合设计要求，稳管时必须采取措施防止管道发生滚动。

（4）采用混凝土基础时，管道中心高程复验合格后，应按有关规定及时浇筑管座混凝土。

（5）柔性接口形式应符合设计要求，橡胶圈应符合下列规定：
①材质应符合相关规范的规定；
②应由管材厂配套供应；
③外观应光滑平整，不得有裂缝、破损、气孔、重皮等缺陷；
④每个橡胶圈的接头不得超过两个。

（6）柔性接口的钢筋混凝土管、预（自）应力混凝土管安装前，承口内工作面，插口外工作面应清洗干净；套在插口上的橡胶圈应平直、无扭曲，应正确就位；橡胶圈表面和承口工作面应涂刷无腐蚀性的润滑剂；安装后放松外力，管节回弹不得大于 10 mm，且橡胶圈应在承、插口工作面上。

（7）刚性接口的钢筋混凝土管道，钢丝网水泥砂浆抹带接口材料应符合下列规定：
①选用粒径 0.5~1.5 mm，含泥量不大于 3% 的洁净砂；
②选用网格 10 mm×10 mm，丝径为 20 号的钢丝网；
③水泥砂浆配比满足设计要求。

（8）刚性接口的钢筋混凝土管道施工应符合下列规定：

①抹带前应将管口的外壁凿毛、洗净。

②钢丝网端头应在浇筑混凝土管座时插入混凝土内，在混凝土初凝前，分层抹压钢丝网水泥砂浆抹带。

③抹带完成后应立即用吸水性强的材料覆盖，3~4 h 后洒水养护。

④水泥砂浆填缝及抹带接口作业时落入管道内的接口材料应清除；管径大于或等于 700 mm 时，应采用水泥砂浆将管道内接口部位抹平、压光；管径小于 700 mm 时，填缝后应立即拖平。

（9）预（自）应力混凝土管不得截断使用。

（10）室内暂时不接支线的预留管（孔）应封堵。

（11）预（自）应力混凝土管道采用金属管件连接时，管件应进行防腐处理。

4. 预应力钢筒混凝土管接口连接

（1）管节及管件的规格、性能应符合国家有关标准的规定和设计要求，进入施工现场时其外观质量应符合下列规定：

①内壁混凝土表面平整光洁；承插口钢环工作面光洁干净；内衬式管（简称衬筒管）内表面不应出现浮渣、露石和严重的浮浆；埋置式管（简称埋筒管）内表面不应出现气泡、孔洞、凹坑及蜂窝、麻面等不密实的现象。

②管内表面出现的环向裂缝或者螺旋状裂缝宽度不应大于 0.5 mm（浮浆裂缝除外）；距离管的插口端 300 mm 范围内出现的环向裂缝宽度不应大于 1.5 mm；管内表面不得出现长度大于 150 mm 的纵向可见裂缝。

③管端面混凝土不应有缺料、掉角、孔洞等缺陷。端面应齐平、光滑并与轴线垂直。

④外保护层不得出现空鼓、裂缝及剥落。

（2）承插式橡胶圈柔性接口施工时应符合下列规定：

①清理管道承口内侧、插口外部凹槽等连接部位和橡胶圈；

②将橡胶圈套入插口上的凹槽内，保证橡胶圈在凹槽内受力均匀，没有扭曲翻转现象；

③用配套的润滑剂涂擦在承口内侧和橡胶圈上，检查涂覆是否完好；

④在插口上按要求做好安装标记，以便检查插入是否到位；

⑤接口安装时，将插口一次插入承口内，达到安装标记为止；

⑥安装时接头和管端应保持清洁。

（3）采用钢制管件连接时，管件应进行防腐处理。

第七章
市政给排水工程施工管理

第一节　市政给水排水工程施工项目管理

一、市政施工项目管理

（一）施工项目管理

1. 施工项目管理概念

施工项目管理是以施工项目为管理对象，以项目经理责任制为中心，以合同为依据，按施工项目的内在规律，实现资源的优化配置和对各生产要素进行有效的计划、组织、监督、控制、协调，取得最佳的经济效益的全过程管理。

施工项目是指施工企业自工程施工投标开始到保修期满为止的全过程项目，是一个建设项目或单项工程或单位工程的施工任务及成果。

2. 施工项目管理主要特点

施工项目管理的内容、范围与其他建设工程管理活动不同，是构成施工项目管理活动的基本特征。

（1）施工项目管理的对象施工项目

施工项目是一种特殊的商品、具有一定周期性，它包括工程投标、签订工程项目承包合同、施工准备、施工及交工验收及保修等阶段。施工项目管理的主要特殊性是买卖双方都投入生产管理，生产活动和交易活动很难分开，其复杂性和艰难性都是其他生产管理所不能相比的。

（2）施工项目管理的主体是施工承包企业

建设单位和设计单位为施工提供项目、资金、服务、图纸资料等，监理单位把施工承包企业的施工活动作为监督对象，虽然这些活动都与施工项目有关，但不是直接从事施工项目的管理。

（3）施工项目管理具有阶段性

施工项目管理的内容是按阶段变化的。因此，管理者必须做出设计、签订合同、提出措施、进行有针对性的动态管理，并使资源优化组合，以提高施工效率和施工效益。

（4）施工项目管理强调协调工作

由于施行项目的生产活动具有单件性特点，参与施工的人员不断在流动，需要采取特殊的流水方式，组织工作量很大；由于施工在露天进行，工期长，需要的资源多；还由于施工活动涉及复杂的经济关系、技术关系、法律关系、行政关系和人际关系等，故施工项目管理中的组织协调工作最为艰难、复杂、多变，必须通过强化组织协调的办法才能保证施工顺利进行。主要强化方法是优选项目经理，建立调度机构，配备称职的调度人员，努力使调度工作科学化、信息化，建立起动态的控制体系。

3．施工项目管理内容

施工项目管理是全方位的管理过程，要求项目管理者对施工项目的范围、生产进度、质量、安全、成本、人力资源、采购、信息等方面都要纳入正规化、标准化管理，体现计划、实施、检查、控制的持续改进过程，使施工项目各项工作有条不紊、顺利地进行。施工项目管理主要包括以下内容：

（1）施工项目管理实施规划

必须由项目经理组织项目经理部在工程开工之前编制完成。项目管理实施规划应依据下列资料编制：项目管理规划大纲；项目管理目标责任书；施工合同。

（2）施工项目管理实施规划应符合下列要求

项目经理签字后报组织管理层审批；与各相关组织的工作协调一致；进行跟踪检查和必要的调整；项目结束后形成总结文件。

（3）施工项目管理规划的主要内容

①项目概况描述的内容包括：根据招标文件、设计文件提供的信息，对工程特征、使用功能、建设规模、投资规模、建设意义的综合描述。

②施工部署的内容包括：项目的质量、进度、成本及安全目标；拟投入的最高人数和平均人数；分包计划、劳动力使用计划、材料供应计划、机械设备供应计划；施工程序；项目管理总体安排。

③管理目标描述的内容包括：施工合同要求的目标，承包人自己对项目的规划目标。

④资源需求计划的内容包括：劳动力需求计划；主要材料和周转材料需求计划；机械设备需求计划；预制品订货和需求计划；大型工具、器具需求计划。

⑤工期目标规划和施工总进度计划的内容包括：招标文件要求的总工期目标及其分解，主要的里程碑事件及主要施工活动的进度计划，施工进度计划表，保证进度目标实现的措施等。

⑥施工平面图的内容包括：施工平面图说明；施工平面图；施工平面图管理规划。施工平面图应按现行制图标准和制度要求进行绘制。

⑦安全目标规划的内容包括：安全责任目标，施工过程中不安全因素分析，安全技术组织措施。

⑧施工技术组织措施计划的内容包括：保证进度目标的措施；保证质量目标的措施；保证安全目标的措施；保证成本目标的措施；保证雨、冬期施工的措施；保护环境的措施；文明施工措施。各项措施应包括技术措施、组织措施、经济措施及合同措施。

⑨项目风险管理规划的内容包括：风险管理的原则，预测施工项目的主要风险因素及采取的应对措施。

⑩信息管理规划的内容包括：与项目组织相适应的信息流通系统；信息中心的建立规划；项目管理软件的选择与使用规划；信息管理实施规划。

⑪项目现场管理规划和施工平面图的内容包括：施工现场情况描述，施工现场平面特点、平面布置的原则，施工现场管理目标、原则、主要技术组织措施，施工平面图及其说明。

⑫技术经济指标的计算与分析的内容包括：规划的指标；规划指标水平高低的分析和评价；实施难点的对策。

⑬投标及签订施工合同规划的内容包括：投标和签订合同的总体策划，工作原则，投标小组组成，合同谈判组成员，谈判策略，投标和签订合同的总体计划安排。

⑭文明施工及环境保护规划，其中包括文明施工及环境保护的原则、目标，主要组织措施和拟采用的方法等。

（4）施工项目管理实施规划的内容

①工程概况描述：工程特点；建设地点及环境特征；施工条件；项目管理特点及总体要求。

②施工部署：该项目的质量、进度、成本及安全总目标；拟定投入的最高人数和平均人数；分包规划、劳动力规划、材料供应规划、机械设备供应规划；施工程序；项目管理总体安排，包括：组织、制度、控制、协调、总结分析与考核。

③施工方案：施工流向和施工顺序；施工阶段划分；施工方法和施工机械选择；安全施工设计；环境保护内容及方法。

④资源供应计划：劳动力、主要材料、周转材料、机械设备、大型工具、器具供应计划；预制品订货和供应计划。

⑤施工准备工作计划：施工准备工作组织及时间安排；技术准备及质量计划；施工现场准备；作业队伍和管理人员的组织准备；物资准备；资金准备。

⑥施工平面图：施工平面图说明；施工平面图；施工平面图管理规划。

⑦施工技术组织措施计划：保证质量目标的措施；保证进度目标的措施；保证安全目标的措施；保证成本目标的措施；季节施工措施；环境保护措施；文明施工措施。各项计划均包括技术措施、组织措施、经济措施及合同措施。

⑧施工项目风险管理规划：风险因素识别一览表；风险出现的概率及损失估计；风险管理重点；风险防范对策；风险管理责任；等等。

⑨信息管理：与项目组织相适应的信息流通系统；信息中心的建立。

（5）施工项目的目标控制

施工项目的目标有阶段性目标和最终目标。实现各项目标是施工项目管理的目的。所以，它应当坚持以控制论原理和理论为指导，进行全过程的科学控制。

①项目目标控制的基本方法是"目标管理方法"，其本质是以目标指导行动；

②目标和控制措施是在项目管理实施规划的基础上确定的，项目管理实施规划以项目管理目标责任书中确定的目标为依据编制；

③各项目标是各自独立的，它们之间是对立统一的关系，强调哪一个都会影响到其他指标的实现；

④项目目标控制要以执行法律、法规、标准、规范、制度等作为灵魂，以组织协调为动力，以合同管理、信息管理为手段，以现场管理和生产要素管理为保证；

⑤进行各项目标控制必须防范风险，要以项目管理规划中的目标规划为依据，实施风险对策方案，加强检查，不断进行信息反馈。

（6）施工项目生产要素的管理

施工项目的劳动要素是施工项目目标得以实现的保证，主要包括人力资源、材料、机械设备、资金和技术。

①施工项目人力资源管理指施工企业或项目经理部对项目形成过程的各个环节和各个方面的人员进行合同的计划、组织、指挥、协调、控制等工作。

②施工项目材料管理，项目经理部为顺利完成工程项目施工任务，合同使用和节约材料，努力降低材料成本所进行的材料计划、订货采购、运输、库存保管、供应加工、使

用、回收等一系列的组织和管理工作。

③施工项目机械设备管理指项目经理部根据所承担施工项目的具体情况，科学优化选择和配备施工机械，并在生产过程中全责使用、维修保养等各项管理工作。

④施工项目资金管理指施工项目经理部根据工程项目施工过程中资金运动的规律，进行资金收支预测、编制资金计划、筹集投入资金、资金使用、资金核算与分析等一系列资金管理工作。

⑤施工项目技术管理，项目经理部在项目施工的过程中，对各项技术活动过程和技术工作的各种要素进行科学管理的总称。

⑥施工项目生产要素的主要内容：分析各项劳动要素的特点；按照一定的原则、方法对施工项目劳动要素进行优化配置，并对配置状况进行评价；对施工项目的各项劳动要素进行动态管理；进行施工现场平面图设计，做好现场的调度与管理。

（7）施工项目合同管理

由于施工项目管理是在市场条件下进行的特殊交易活动的管理，合同管理体制的好坏直接涉及项目管理及工程施工的技术经济效果和目标实现。工程项目从招标、投标工作开始，并持续于项目管理的全过程，因此，必须依法签订合同，进行履约经营。合同管理是一项执法、守法活动，市场有国内市场和国际市场，因此，合同管理势必涉及国内和国际上有关法规和合同文本、合同条件，在合同管理中应予高度重视。为了取得经济效益，还必须注意搞好工程索赔，讲究方法和技巧，为获取索赔提供充分的证据。因此，要从招标、投标开始，加强工程承包合同的签订、履行管理。

（8）施工项目信息管理

项目信息管理旨在适应项目管理的需要，为预测未来和正确决策提供依据，提高管理水平。项目经理部应建立项目信息管理系统，优化信息结构，实现项目管理信息化。项目信息包括项目经理部在项目管理过程中形成的各种数据、表格、图纸、文字、音像资料等。

（9）施工项目现场管理

施工现场的管理对于节约材料、节省投资、保证施工进度、创建文明工地等方面都至关重要。

现场管理的主要内容如下：规划及报批施工用地；设计施工平面图；建立施工项目管理组织；建立文明施工现场；及时清场转移。

施工企业应对施工现场进行科学有效管理，以达到文明施工、保护环境、塑造良好企业形象、提高施工管理水平的目的。

（10）施工项目组织协调

在整个施工项目中有着诸多的协调工作，包括：施工项目目标因素之间的协调；各专业技术方面的协调；项目实施过程的协调；管理方法和管理过程的协调；各种管理职能如成本、合同、工期、质量等协调；施工项目内外参与者的协调；等等。

在施工项目实施过程中，应进行组织协调，沟通和处理好内部及外部的各种关系，排除种种干扰和障碍，保证计划目标的实现。

4. 施工项目管理的阶段

（1）投标签约阶段

施工单位参与招投标活动在见到招标广告或邀请函后，做出投标决策至中标签约，实质上就是在进行施工项目的前期工作，是施工单位的立项阶段，其最终管理目标是签订施工项目承包合同。

（2）施工准备阶段

签订了工程承包合同以后，施工承包单位应及时组建以项目经理为领导核心的项目经理部，与企业经营层和管理层、发包人单位进行配合，进行施工准备，使工程具备开工和连续施工的基本条件。

（3）施工阶段

施工阶段是一个自开工至竣工的实施过程，目标是完成合同规定的全部施工任务，达到验收、交工的条件。在这一过程中，项目经理部既是决策机构，又是责任机构，经营管理层、发包人单位、监理单位的主要作用是支持、监督与协调。

（4）验收交工与决算阶段

在验收交工与决算阶段中竣工验收交付使用与工程款决算工作相协调，同步进行，目标是对项目成果进行总结、评价，结清债权债务，结束工程主体的施工任务。

（5）回访维修服务阶段

回访维修服务阶段是施工项目管理的最后阶段，即在交工验收后，按合同规定的责任期进行用后服务、回访与保修，其目的是保证使用单位正常使用，发挥效益。

（二）项目管理组织概述

1. 组织

"组织"既可作为组织机构来认识，也可以理解为组织行为。作为组织机构，组织是为了实现某种既定目标而结合在一起的具有正式关系的一群人，这种关系是指正式的有意形成的职务或职位结构，这群人具有一定的专业技术、管理技能，处于明确的管理层次，具有相对稳定的职位。将组织理解为组织行为，即设计、建立并维持一种科学的、合理的组织结构，是一系列不断变化与调整的组织行为的序列。

2. 施工项目管理组织

施工项目管理组织，是指为进行施工项目管理、实现组织职能而进行组织系统的设计与建立、组织运行和组织调整三方面。它由人、单位、部门组织起来的群体，按项目管理职能设置职位或部门，按项目管理流程完成属于各自管理职能内的工作。组织系统的设计与建立是指通过筹划、设计，建立一个可以完成施工项目管理和组织机构，建立必要的规章制度，划分并明确岗位、层次、部门的责任和权力，建立和形成管理信息系统及责任分担系统，并通过一定岗位和部门内人员的规范化的活动和信息流通实现组织目标。

3. 组织基本要素

①人是构成组织的第一要素，由于分工的不同，组织中出现了不同的工作岗位，这些工作岗位是由人来担任的。项目目标决定了工作任务，由工作任务确定了工作岗位，由工作岗位选择了承担者，而由承担者形成了组织。

②组织目标是组织存在的依据，没有了组织的目标，组织也就失去了存在的必要。目标决定了组织中的工作内容和工作分工，从而决定了组织中的岗位设置及组织的具体结构形式。

③组织规范表现为组织的方针政策和规章制度等，每个组织都有约束组织中成员行为和组织行为的组织规范，组织规范使组织成员和组成整体的行为能有利于组织目标的实现。

4. 组织基本内容

①组织设计，选定一个合理的组织系统，划分各部门的权限和职责，确立各种规章制度。

②组织结构模式，反映了一个组织系统中各子系统之间或各元素（各工作部门）之间的指令关系。常用的组织结构模式包括职能组织结构、线性组织结构和矩阵组织结构。

③组织运行，就是按分担的责任完成各自的工作，规定各组织体的工作顺序和业务管理活动的运行过程。组织运行要抓好三个关键性问题：一是人员配置；二是业务接口关系；三是信息反馈。

④工作流程组织，反映一个组织系统中各项工作之间的逻辑关系，是一种动态关系。在一个建设工程项目实施过程中，其管理工作的流程、信息处理的流程，以及设计工作、物资采购和施工的流程组织都属于工作流程组织的范畴。

⑤组织调整，是指根据工作的需要，环境的变化，分析原有的工程项目组织系统的缺陷、适应性和效率性，对原组织系统进行调整和重新组合，包括组织形式的变化、人员的变动、规章制度的修订或废止、责任系统的调整以及信息流通系统的调整等。

（三）组织与目标关系

1. 组织措施影响项目目标

控制项目目标的主要措施包括组织措施、管理措施、经济措施和技术措施，其中，组织措施是最重要的措施。如果对一个建设工程的项目管理进行诊断，首先应分析其组织方面存在的问题。

2. 系统的目标决定了系统的组织

系统的组织包括系统的组织结构模式和组织分工，以及工作流程组织。如果把一个建设工程的项目管理视作为一个系统，其目标决定了项目管理的组织，而项目管理的组织是项目管理目标能否实现的决定性因素。

3. 项目目标的实现受多种因素的共同影响

影响一个系统目标实现的主要因素除了组织以外，还有人的因素，以及生产和管理的方法与工具等诸多因素，组织因素并不能取代其他因素的作用。

（四）施工企业项目经理

1. 施工企业项目经理工作性质

随着社会主义市场经济的建立和项目管理的不断深化，施工企业已初步形成了"两线一点"的承包经营体系。为适应市场经济要求，真正做到产权清晰、责权明确、政企分开、管理科学，近年来，建筑施工企业加强了项目经理岗位责任制。

施工企业项目经理，是指受企业法定代表人委托对工程项目施工过程全面负责的项目管理者，是施工企业法定代表人在工程项目上的代表人。项目经理岗位是保证工程项目建设质量、安全、工期的重要岗位。

2. 施工企业项目经理职责

①代表企业实施施工项目管理，贯彻执行国家法律、法规、方针、政策和强制性标准，执行企业的管理制度，维护企业的合法权益。

②履行"项目管理目标责任书"规定的任务。

③组织编制项目管理实施规划。

④对进入现场的生产要素进行优化配置和动态管理。

⑤建立质量管理体系和安全管理体系并组织实施。

⑥在授权范围内负责与企业管理层、劳务作业层、各协作单位、发包人、分包人和监

理工程师等的协调，解决项目中出现的问题。

⑦进行现场文明施工管理，发现和处理突发事件。

⑧参与工程竣工验收，准备结算资料和分析总结，接受审计，处理项目经理部的善后工作。

⑨协助企业进行项目的检查、鉴定和评奖申报。

3. 施工企业项目经理的任务

①贯彻执行国家和工程所在地政府的有关法律、法规和政策，执行企业的各项管理制度。

②严格财务制度，加强财经管理，正确处理国家、企业与个人的利益关系。

③执行项目承包合同中由项目经理负责履行的各项条款。

④对工程项目施工进行有效控制，执行有关技术规范和标准，积极推广应用新技术，确保工程质量和工期，实现安全、文明生产，努力提高经济效益。

⑤协调本组织机构与各协作单位之间的协作配合及经济、技术工作，在授权范围内代理（企业法人）进行有关签证，并进行相互监督、检查，确保质量、工期、成本控制和节约。

⑥建立完善的内部及对外信息管理系统。

⑦实施合同，处理好合同变更、洽商纠纷和索赔，处理好总分包关系，搞好与有关单位的协作配合，与建设单位的相互监督。

4. 施工企业项目经理的责任

工程项目施工应建立以项目经理为首的生产经营管理系统，实行项目经理负责制。项目经理在工程项目施工中处于中心地位，对工程项目施工负有全面管理的责任。要加强对建筑企业项目经理市场行为的监督管理，对发生重大工程质量安全事故或市场违法违规行为的项目经理，必须依法予以严肃处理。

二、市政工程施工组织设计

（一）施工组织设计概念

施工组织设计是一项重要的技术、经济管理性文件，也是施工企业的施工实力和管理水平的综合体现。它对管道工程项目施工全过程的质量、进度、技术、安全、经济和组织管理起着重要的控制作用。

（二）施工组织设计内容

1. 工程概况

工程概况是对工程的一个简单扼要、突出重点的文字介绍，主要阐述施工现场的地形、地貌、工程地质与水文地质条件；管道的长度、结构形式、管材、工程量、工期要求；拟投入的人力、物力等。有时，为了弥补文字介绍的不足，还可附加图、表来表示。

2. 施工方案的选择

施工方案是施工组织设计的核心内容，必须根据管道工程的质量要求和工期要求，结合材料、机具和劳动力的供应情况，以及协作单位的配合条件和其他现场条件综合考虑确定。施工方案合理与否将直接影响工程的施工效率、质量、工期和技术经济效果。因此，施工前应拟订几个切实可行的施工方案，并进行技术经济比较，从中选择最优方案作为本工程的施工方案。

①组织管道工程施工，必须先做好施工准备工作，具备开工条件后写出开工报告，经上级主管部门批准后方可开工建设。

②遵守"先场外后场内""先地下后地上""先主体后附属""先土建后设备安装""合理安排穿插工序"的原则，尽量把混凝土工程安排在进入冬期施工前完成。

③在单位工程中所占工程量大，且地位重要的分部、分项工程。

④施工技术复杂或采用新技术、新工艺，以及对工程质量起关键作用的分部、分项工程。

⑤不熟悉的特殊结构工程或由专业施工单位施工的特殊专业工程等。

3. 施工进度计划编制

施工进度计划是控制工程施工进度和工程开、竣工期限等各项施工活动的依据，施工组织工作中的其他有关问题也都要服从进度计划的要求。

施工进度计划反映了工程从施工准备工作开始，直到工程竣工为止的全部施工过程，反映了各工序之间的衔接关系。所以，施工进度计划有助于领导部门抓住关键，统筹全局，合理布置人力和物力，正确指导施工的顺利进行；有利于工人群众明确目标，更好地发挥主观能动作用和主人翁精神；有利于施工企业内部及时配合，协同施工。

4. 准备工作计划编制

准备工作包括为该管道工程施工所做的技术准备，现场准备，机械、设备、工具、材料、加工件的准备等，应编制施工准备工作计划表。

5. 施工平面图绘制

施工平面图是按照一定的原则、一定的比例和规定的符号绘制而成的平面图形，用来表示管道工程施工中所需的施工机械、加工场地、材料仓库和料场，以及临时运输道路、临时供排水、供电、供热管线和其他临时设施的位置、大小与布置方案。

6. 技术经济指标

技术经济指标是在施工管理中对已确定的施工方案进行的一项全面综合性的经济评价，也是对施工管理水平的一项评价。管道工程施工的技术经济指标主要包括施工工期、劳动生产率、劳动力不均衡系数、工程质量、安全生产指标、设备机具的利用率、材料的节约率、施工成本的降低率等。

第二节　市政给水排水工程安全文明施工

一、施工现场不安全因素

（一）物的不安全状态

1. 物的不安全状态的概述

物的不安全状态是指能导致事故发生的物质条件，包括机械设备等物质或环境所存在的不安全因素。物的不安全状态的类型有：

①防护等装置缺乏或有缺陷。

②设备、设施、工具、附件有缺陷。

③个人防护用品用具缺少或有缺陷。

④施工生产场地环境不良。

2. 物的不安全状态的内容

①物（包括机器、设备、工具、物质等）本身存在的缺陷。

②防护保险方面的缺陷。

③物的放置方法的缺陷。

④作业环境场所的缺陷。

⑤外部的和自然界的不安全状态。

⑥作业方法导致的物的不安全状态。

⑦保护器具信号、标志和个体防护用品的缺陷。

（二）人的不安全因素

人的不安全因素是指影响安全的人的因素，即能够使系统发生故障或发生性能不良的事件的人员个人的不安全因素和违背设计和安全要求的错误行为。人的不安全因素可分为个人的不安全因素和人的不安全行为两大类。

个人的不安全因素是指人员的心理、生理、能力中所具有不能适应工作、作业岗位要求的影响安全的因素。个人的不安全因素主要包括：

（1）心理上的不安全因素，是指人在心理上具有影响安全的性格、气质和情绪，如懒散、粗心等。

（2）生理上的不安全因素，包括视觉、听觉等感觉器官、体能、年龄、疾病等不适合工作或作业岗位要求的影响因素。

（3）能力上的不安全因素，包括知识技能、应变能力、资格等不能适应工作和作业岗位要求的影响因素。

不安全行为产生的主要原因是：系统、组织的原因；思想责任心的原因；工作的原因。其中，工作原因产生不安全行为的影响因素包括：工作知识的不足或工作方法不适当；技能不熟练或经验不充分；作业的速度不适当；工作不当，但又不听或不注意管理指示。

同时，分析事故原因，绝大多数事故不是因技术解决不了造成的，都是违章所致。由于没有安全技术措施，缺乏安全技术措施，不做安全技术交底，安全生产责任制不落实，违章指挥、违章作业造成的，所以，必须重视和防止产生人的不安全因素。

（三）管理上的不安全因素

也称为管理上的缺陷，也是事故潜在的不安全因素，作为间接的原因共有以下六方面：

（1）技术上的缺陷。

（2）教育上的缺陷。

（3）生理上的缺陷。

（4）心理上的缺陷。

（5）管理工作上的缺陷。

（6）教育和社会、历史上的原因造成的缺陷。

（四）消除不安全因素的基本思想

人的不安全行为与物的不安全状态在同一时间和空间相遇就会导致事故出现。因此，预防事故可采取的方式无非是：

1. 消除物的不安全状态

①安全防护管理制度，包括土方开挖、基坑支护、脚手架工程、临边洞口作业、高处作业及料具存放等的安全防护要求。

②机械安全管理制度，包括塔吊及主要施工机械的安全防护技术及管理要求。

③临时用电安全管理制度，包括临时用电的安全管理、配电线路、配电箱、各类用电设备和照明的安全技术要求。

2. 约束人的不安全行为

①建立安全生产责任制度，包括各级、各类人员的安全生产责任及各横向相关部门的安全生产责任。

②建立安全生产教育制度。

③执行特种作业管理制度，包括特种作业人员的分类、培训、考试、取证及复审等。

3. 同时约束人的不安全行为，消除物的不安全状态

即通过安全技术管理，包括安全技术措施和施工方案的编制、审核、审批，安全技术交底，各类安全防护用品、施工机械、设施、临时用电工程等的验收等来予以实现。

4. 采取隔离防护措施

使人的不安全行为与物的不安全状态不相遇，如各种劳动防护管理制度。

二、施工安全技术措施

（一）安全技术措施内容

1. 安全技术措施是以保护从事工作的员工健康和安全为目的的一切技术措施。在建设工程项目施工中，安全技术措施是施工组织设计的重要内容之一，是改善劳动条件和安全卫生设施，防止工伤事故和职业病，搞好安全施工的一项行之有效的重要措施。

2. 建设工程施工安全技术措施计划的主要内容包括工程概况、控制目标、控制程序、组织机构、职责权限、规章制度、资源配置、安全措施、检查评价、奖惩制度等。

3. 对结构复杂、施工难度大、专业性较强的工程项目，除制定项目总体安全保证计划外，还必须制定单位工程或分部分项工程安全技术措施。

4. 对高处作业、井下作业等专业性强的作业，电器、压力容器等特殊工种作业，应制定单项安全技术规程，并应对管理人员和操作人员的安全作业资格和身体状况进行合格检查。

5. 制定和完善施工安全操作规程，编制各施工工种，特别是危险性较大工种的安全施工操作要求，作为规范、检查和考核员工安全生产行为的依据。

（二）安全教育培训

1. 安全教育培训的内容

安全教育培训的主要内容包括安全生产思想、安全知识、安全技能、安全规程标准、安全法规、劳动保护、环境保护和典型事例分析。

2. 安全教育培训的要求

①广泛开展安全施工的宣传教育，使全体员工真正认识到安全施工的重要性和必要性，懂得安全施工和文明施工的科学知识，牢固树立安全第一的思想，自觉地遵守各项安全生产法律法规和规章制度。

②把安全知识、安全技能、设备性能、操作规程、安全法律等作为安全教育培训的主要内容。

③建立经常性的安全教育考核制度，考核成绩要记入员工档案。

④电工、电焊工、架子工、司炉工、爆破工、机操工、起重工、机械司机、机动车辆司机等特殊工种工人，除一般安全教育外，还要经过专业安全技能培训，经考试合格持证后，方可独立操作。

⑤采用新技术、新工艺、新设备施工和调换工作岗位时，也要进行安全教育，未经安全教育培训的人员不得上岗操作。

（三）安全教育形式

1. 新工人安全教育

三级安全教育是企业必须坚持的安全生产基本教育制度。每个刚进企业的新工人必须接受首次安全生产方面的基本教育，即三级安全教育。三级一般是指公司（企业）、项目（或工程处、施工队、工区）、班组这三级。三级安全教育一般是由企业的安全、教育、劳动、技术等部门配合进行的。受教育者必须经过考试，合格后才准予进入生产岗位；考试不合格者不得上岗工作，必须重新补课并进行补考，合格后方可工作。新工人工作一个阶段后还应进行重复性的安全再教育，加深对安全感性、理性知识的认识。

①公司安全教育，公司进行安全生产基本知识、法规、法制教育，其主要内容：国家的安全生产、劳动保护、环保方针政策法规；建设工程安全生产法规、技术规定、标准；本单位施工生产安全生产规章制度、安全纪律；本单位安全生产形势、历史上发生的重大事故及应吸取的教训；发生事故后如何抢救伤员、排险、保护现场和及时进行报告。

②项目安全教育，项目进行现场规章制度和遵章守纪教育，其主要内容：建设工程施工生产的特点，施工现场的一般安全管理规定、要求；施工现场主要事故类别，常见多发性事故的特点、规律及预防措施、事故教训等；本工程项目施工的基本情况（工程类型、施工阶段、作业特点等），施工中应当注意的安全事项。

③班组安全教育，班组安全生产教育，其主要内容：必要的安全和环保知识；本班组作业特点及安全操作规程；班组安全活动制度及纪律；爱护和正确使用安全防护装置（设施）及个人劳动防护用品；本岗位易发生事故的不安全因素及其防范对策；本岗位的作业环境及使用的机械设备、工具的安全要求。

2. 变换工种安全教育

施工现场变化大，动态管理要求高，随着工程进度的进展，部分工人的工作岗位会发生变化，转岗现象较普遍。这种工种之间的互相转换，有利于施工生产的需要。但是，如果安全管理工作没有跟上，安全教育不到位，就可能给转岗工人带来伤害事故。凡改变工种或调换工作岗位的工人必须进行变换工种的安全教育，教育考核合格后方可上岗。其安全教育的主要内容是：

本工种作业的安全技术操作规程。本班组施工生产的概况介绍。施工区域内各种生产设施、设备、工具的性能、作用、安全防护要求等。

3. 转场安全教育

新转入施工现场的工作必须进行转场安全教育，教育时间不得少于 8 h，其主要内容：本工程项目安全生产状况及施工条件；施工现场中危险部位的防护措施及典型事故案例；本工程项目的安全管理体系、制定及制度。

4. 特种作业安全教育

特种作业是指容易发生人员伤亡事故，对操作者本人、他人及周围设施的安全有重大危害的作业。从事特种作业的人员必须经过专门的安全技术培训，经考试合格取得上岗操作证后方可独立作业。对特种作业人员的培训、取证及复审等工作严格执行国家、地方政府的有关规定。

对从事特种作业的人员进行经常性的安全教育，时间为每月一次。专门的安全作业培训，是指由有关主管部门组织的专门针对特种作业人员的培训，也就是特种作业人员在独立上岗作业前，必须进行与本工种相适应的、专门的安全技术理论学习和实际操作训练。经培训考核合格，取得特种作业操作资格证书后，才能上岗作业。特种作业操作资格证书在全国范围内有效，离开特种作业岗位一定时间后，应当按照规定重新进行实际操作考核，经确认合格后方可上岗作业。

（四）安全技术交底

安全技术交底是指导工人安全施工的技术措施，是工程项目安全技术方案的具体落实。安全技术交底一般由项目经理部技术管理人员根据分部分项工程的具体要求、特点和危险因素编写，是操作者的指令性文件。因而，要具体、明确、针对性强。

1. 安全技术交底的要求

①项目经理部必须实行逐级安全技术交底制度，纵向延伸到班组全体作业人员。

②技术交底必须具体、明确、针对性强。技术交底的内容应针对分部分项工程施工中给作业人员带来的潜在隐含危险因素和存在的问题。应优先采用新的安全技术措施。应将工程概况、施工方法、施工程序、安全技术措施等向工长、班组长、作业人员进行详细交底。定期向由两个以上作业队伍和多工种进行交叉施工的作业队伍进行书面交底。保留书面安全技术交底等签字记录。

2. 安全技术交底的内容

本工程项目的施工作业特点和危险点；针对危险点的具体预防措施；应注意的安全事项；相应的安全操作规程和标准；发生事故后应及时采取的避难和急救措施。

（五）施工现场安全管理

1. 施工单位应当在施工现场入口处、施工起重机械、临时用电设施、脚手架、出入通道口、孔洞口、桥梁口、隧道口、基坑边沿、爆破物及有害危险气体和液体存放处等危险部位，设置明显的安全警示标志。安全警示标志必须符合国家标准。

2. 现场的办公、生活区与作业区分开设置，并保持安全距离；办公、生活区的选址应当符合安全性要求。职工的膳食、饮水、休息场所等应当符合卫生标准。

3. 施工单位应当在施工现场建立消防安全责任制度，确定消防安全责任人。制定用火、用电、使用易燃易爆材料等各项消防安全管理制度和操作规程。设置消防通道、消防水源，配备消防设施和足够有效的灭火器材，指定专门人员定期维护保持设备良好。并在施工现场入口处设置明显标志，建立消防安全组织，坚持对员工进行防火安全教育。

三、施工临时设施安全技术

(一)临时建筑搭建安全技术

1. 设计应经工程项目经理部总工程师审核批准后方能施工,竣工后应由项目经理部负责人组织验收,确认合格并形成文件,方可使用。

2. 装配式房屋应由有资质的企业生产,并持有合格证;搭设后应经检查、验收,确认合格并形成文件后,方可使用。

3. 既有建筑应在使用前对其结构进行验算或鉴定,确认符合安全要求并形成文件后,方可使用。

4. 临时建筑位置应避开架空线路、陡坡、低洼积水等危险地区,选择地质、水文条件良好的地方,并不得占压各种地下管线。

5. 临时建筑应按施工组织设计中确定的位置、规模搭设,不得随意改变。

6. 临时建筑搭设必须符合安全、防汛、防火、防风、防雨(雪)、防雷、防寒、环保、卫生、文明施工的要求。

7. 施工区、生活区、材料库房等应分开设置,并保持消防部门规定的防火安全距离。

8. 模板与钢筋加工场、临时搅拌站、厨房、锅炉房和存放易燃、易爆物的仓库等应分别独立设置,且必须满足防火安全距离等消防规定。

9. 临时建筑的围护屏蔽及其骨架应使用阻燃材料搭建。

10. 支搭和拆除作业必须纳入现场施工管理范畴,符合安全技术要求。支、拆临时建筑应编制方案;作业中必须设专人指挥,执行安全技术交底制度,由安全技术人员监控,保持安全作业。在不承重的轻型屋面上作业时,必须先搭设临时走道板,并在屋架下弦设水平安全网;严禁直踩踏轻型屋面。

11. 临时建筑使用过程中,应由主管人员经常检查、维护,发现损坏必须及时修理,保持完好、有效。

12. 施工前,应根据工程需要,确定施工临时供水方案,并进行临时供水施工设计,向供水管理单位申报临时房工用水水表,并经其设计、安装。施工现场临时供水设计应符合施工、生活、消防供水的要求。采用自备井供水,打井前应向水资源主管部门申报,并经批准。水质应经卫生防疫部门化验,符合现行《生活饮用水卫生标准》的规定方可使用,且应设置符合生产、生活、消防要求的贮水设施,对水源井应采取保护措施。

13. 开工前,施工现场应根据工程规模、施工特点、施工用电负荷和环境状况进行施工用电设计或编制施工用电安全技术措施,并按施工组织设计的审批程序批准后实施。施工用电作业和用电设施的维护管理必须由电工负责，严禁非电工操作。

（二）道路便桥搭设安全技术

1. 铺设施工现场运输道路

①道路应平整、坚实，能满足运输安全要求。

②道路宽度应根据现场交通量和运输车辆或行驶机械的宽度确定；汽车运输时，宽度不宜小于 3.5 m；机动翻斗车运输时，宽度不宜小于 2.5 m；手推车运输不宜小于 1.5 m。

③道路纵坡应根据运输车辆情况而定，手推车不宜陡于 5%，机动车辆不宜陡于 10%。

④道路的圆曲线半径：机动翻斗车运输时不宜小于 8 m；汽车运输时不宜小于 15 m；平板拖车运输不宜小于 20 m。

⑤机动车道路的路面宜进行硬化处理。

⑥现场应根据交通量、路况和环境状况确定车辆行驶速度，并于道路明显处设限速标志。

⑦沿沟槽铺设道路，路边与槽边的距离应依施工荷载、土质、槽深、槽壁支护情况经验算确定，且不得小于 1.5 m，并设防护栏杆和安全标志，夜间和阴暗时尚须加设警示灯。

⑧道路临近河岸、峭壁的一侧必须设置安全标志，夜间和阴暗时尚须加设警示灯。

⑨运输道路与社会道路、公路交叉时宜正交。在距社会道路、公路边 20 m 处应设交通标志，并满足相应的视距要求。

⑩穿越电力架空线路时，应符合有关规定。

⑪穿越各种架空管线处，其净空应满足运输安全要求，并在管线外设限高标志。

⑫穿越建（构）筑物处，其净空应满足运输安全要求，并在建（构）筑物外设限高、宽标志。

2. 跨越河流、沟槽应架设临时便桥

①施工前，应根据工程地质、水文地质、使用条件和现场情况，按照现行《公路桥涵钢结构及木结构设计规范》等有关规定，对便桥结构进行施工设计，经计算确定。

②施工机械、机动车与行人便桥宽度应据现场交通量、机械和车辆的宽度，在施工设计中确定：人行便桥宽不得小于 80 cm；手推车便桥宽不得小于 1.5 m；机动翻斗车便桥宽不得小于 2.5 m；汽车便桥宽不得小于 3.5 m。

③便桥两侧必须设不低于 1.2 m 的防护栏杆，其底部设挡脚板。栏杆、挡脚板应安设牢固。

④便桥桥面应具有良好的防滑性能，钢质桥面应设防滑层。

⑤便桥两端必须设限载标志。

⑥便桥搭设完成后应经验收，确认合格并形成文件后，方可使用。

⑦在使用过程中，应随时检查和维护，保持完好。

（三）钢筋混凝土施工安全技术

1. 现场模板和钢筋加工场搭设

①加工场应单独设置，不得与材料库、生活区、办公区混合设置，场区周围设围挡。

②加工场不得设在电力架空线路下方。

③现场应按施工组织设计要求布置加工机具、料场与废料场，并形成运输、消防通道。

④加工机具应设工作棚，棚应具防雨（雪）、防风功能。

⑤加工机具应完好，防护装置应齐全有效，电气接线应符合有关要求。

⑥操作台应坚固，安装稳固并置于坚实的地基上。

⑦加工场必须配置有效的消防器材，不得存放油、脂和棉丝等易燃品。

⑧含有木材等易燃物的模板加工场，必须设置严禁吸烟和防火标志。

⑨各机械旁应设置机械操作程序牌。

⑩加工场搭设完成，应经检查、验收，确认合格并形成文件后，方可使用。

2. 现场混凝土搅拌站搭设

①施工前，应对搅拌站进行施工设计。平台、支架、储料仓的强度、刚度、稳定性应满足搅拌站在拌合水泥混凝土过程中荷载的要求。

②搅拌站不得搭设在电力架空线路下方。

③现场应按施工组织设计的规定布置混凝土搅拌机、各种料仓和原材料输送、计量装置，并形成运输、消防通道。

④现场混凝土搅拌站应单独设置，具有良好的供电、供水、排水、通风等条件与环保措施，周围应设围挡。

⑤搅拌机等机电设备应设工作棚，棚应具有防雨（雪）、防风功能。

⑥搅拌机、输送装置等应完好，防护装置应齐全有效，电气接线应符合有关要求。

⑦搅拌站的作业平台应坚固，安装稳固并置于坚实的地基上。

⑧搅拌站应按消防部门的规定配置消防设施。

⑨搅拌机等机械旁应设置机械操作程序牌。

⑩现场应设废水预处理设施。

搅拌站搭设完成，应经检查、验收，确认合格并形成文件后，方可使用。

（四）冬期供暖要求

第一，现场宜选用常压锅炉采取集中式热水系统供暖。

第二，采用电热供暖应符合产品使用说明书的要求，严禁使用电炉供暖。

第三，现场不宜采用铁制火炉供暖，由于条件限制须采用时应符合下列要求：

（1）供暖系统应完好无损。炉子的炉身、炉盖、炉门和烟道应完整无破损、无锈蚀；炉盖、炉门和炉身的连接应吻合紧密，不得设烟道舌门。

（2）炉子应安装在坚实的地基上。

（3）炉子必须安装烟筒。烟筒必须顺接安装，接口严密，不得倒坡。烟筒必须通畅，严禁堵塞。烟筒距地面高度宜为 2 m。烟筒必须延伸至房外，与墙距离宜为 50 cm，出口必须安设防止逆风装置。烟筒与房顶、电缆的距离不得小于 70 cm，受条件限制不能满足时，必须采取隔热措施；烟筒穿窗户处必须以薄钢板固定。

（4）房间必须安装风斗，风斗应安装在房屋的东南方。

（5）火炉及其供暖系统安装完成，必须经主管人员检查、验收，确认合格并颁发合格证后，方可使用。

（6）火炉应设专人添煤、管理。

（7）供暖燃料应采用低污染清洁煤。

（8）火炉周围应设阻燃材质的围挡，其距床铺等生活用具不得小于 1.5 m；严禁使用油、油毡引火。

（9）添煤时，添煤高度不得超过排烟出口底部，且严禁堵塞。

（10）人员在房屋内睡眠前，必须检查炉子、烟筒、风斗，确认安全。

（11）供暖期间主管人员应定期检查炉子、烟筒、风斗，发现破损、裂缝、烟筒堵塞等隐患，必须及时处理，并确认安全。

（12）供暖期间应定期疏通烟筒，保持畅通。

第四，严禁敞口烧煤、木料等可燃物取暖。

（五）市政工程拆迁要求

1. 拆迁施工必须由具有专业资质的施工企业承担。

2. 拆除施工必须纳入施工管理范畴。拆除前必须编制拆除方案，规定拆除方法、程序、使用的机械设备、安全技术措施。拆除时必须执行方案的规定，并由安全技术管理人员现场检查、监控，严禁违规作业。拆除后应检查、验收，确认符合要求。

3. 房屋拆除，必须依据竣工图纸与现况，分析结构受力状态，确定拆除方法与程序，经房屋产权管理单位签认后，方可实施，严禁违规拆除。

4. 现况各种架空线拆移，应结合工程需要，征得有关管理单位意见，确定拆移方案，经建设（监理）、房屋产权管理单位签认后，方可实施。

5. 现况各种地下管线拆移，必须向规划和管线管理单位咨询，查阅相关专业技术档案，掌握管线的施工年限、使用状况、位置、埋深等，并请相关管理单位到现场交底，必要时应在管理单位现场监护下做坑探。在明了情况基础上，与管理单位确定拆移方案，经规划、建设（监理）、管理单位签认后，方可实施。实施中应请管理单位派人做现场指导。

6. 道路、公路、铁路、人防、河道、树木（含绿地）等及其相关设施的拆移，应根据工程需要征求各管理部门（单位）对拆迁措施的意见，商定拆移方案，经建设（监理）、管理部门（单位）批准或签认后，方可实施。

7. 采用非爆破方法拆除时，必须自上而下、先外后里，严禁上下、里外同时拆除。

8. 拆除砖、石、混凝土建（构）筑物时，必须采取防止残渣飞溅危及人员和附近建（构）筑物、设备等安全的保护措施，并随时洒水减少扬尘。

9. 使用液压振动锤、挖掘机拆除建（构）筑物时，应使机械与被拆建（构）筑物之间保持安全距离。使用推土机拆除房屋、围墙时，被拆物高度不得大于 2m。施工中作业人员必须位于安全区域。

10. 切割拆除具有易燃、易爆和有毒介质的管道或容器时，必须首先切断介质供给源，管道或容器内残留的介质应根据其性质采取相应的方法清除，并确认安全后，方可拆除。遇带压管道或容器时，必须先泄除压力，确认安全后，方可切割。

11. 采用爆破方法拆除时，必须明确对爆破效果的要求，选择有相应爆破设计资质的企业，依据现行《爆破安全规程》等的有关规定，进行爆破设计，编制爆破设计书或爆破说明书，并制订爆破专项施工方案，规定相应的安全技术措施，报主管和有关管理单位审批，并按批准要求由具有相应施工资质的企业进行爆破。

12. 各项施工作业范围，均应设围挡或护栏和安全标志。

（六）临边防护安全要求

1. 防护栏杆应由上、下两道栏杆和栏杆柱组成，上杆离地高度应为 1.2 m，下杆离地高度应为 50~60 cm。栏杆柱间距应经计算确定，且不得大于 2 m。

2. 杆件的规格与连接。

（1）木质栏杆上杆梢径不得小于 7 cm，下杆梢径不得小于 6 cm，栏杆柱梢径不得小于 7.5 cm，并以不小于 12 号的镀锌钢丝绑扎牢固，绑丝头应顺平向下。

（2）钢筋横杆上杆直径不得小于 16 mm，下杆直径不得小于 14 mm，栏杆柱直径不得小于 18 mm，采用焊接或镀锌钢丝绑扎牢固，绑丝头应顺平向下。

（3）钢管横杆、栏杆柱均应采用直径 48×（2.75～3.5）mm 的管材，以扣件固定或焊接牢固。

3. 栏杆柱的固定。

（1）在基坑、沟槽四周固定时，可采用钢管并锤击沉入地下不小于 50 cm 深。钢管离基坑、沟槽边沿的距离，不得小于 50 cm。

（2）在混凝土结构上固定，采用钢质材料时可用预埋件与钢管或钢筋焊牢；采用木栏杆时可在预埋件上焊接 30 cm 长的 50×5 角钢，其上、下各设一孔，以直径 10 mm 螺栓与木杆件拴牢。

（3）在砌体上固定时，可预先砌入规格相适应的设预埋件的预制块，并用上述方法固定。

4. 栏杆的整体构造和栏杆柱的固定，应使防护栏杆在任何处能承受任何方向的 1000 N 外力。

5. 防护栏杆的底部必须设置牢固的、高度不低于 18 cm 的挡脚板。挡脚板下的空隙不得大于 1 cm。挡脚板上有孔眼时，孔径不得大于 2.5 cm。

6. 高处临街的防护栏杆必须加挂安全网，或采取其他全封闭措施。

四、施工安全检查

（一）安全检查主要内容

1. 查管理。检查工程的安全施工管理是否有效。主要检查内容包括安全施工责任制、安全技术措施计划、安全组织机构、安全保证措施、安全技术交底、安全教育、安全持证上岗、安全设施、安全标志、操作行为、违规管理、安全记录等。

2. 查思想。检查企业的领导和职工对安全施工的认识。

3. 查隐患。检查作业现场是否符合安全施工、文明施工的要求。

4. 查事故处理。对安全事故的处理应达到查明事故原因、明确责任并对责任者做出处理、明确和落实整改措施等要求。同时还应检查对伤亡事故是否及时报告、认真调查、严肃处理。

安全检查的重点是违章指挥和违章作业。安全检查后应编制安全检查报告，说明已达标项目，未达标项目，存在问题，原因分析，纠正和预防措施。

（二）安全检查目的

1. 通过检查，可以发现施工（生产）中的不安全（人的不安全行为和物的不安全状态）、不卫生问题，从而采取对策，消防不安全因素，保障安全生产。

2. 利用安全生产检查，进一步宣传、贯彻、落实党和国家安全生产方针、政策和各项安全生产规章制度。

3. 安全检查实质也是一次群众性的安全教育。通过检查，增强领导和群众安全意识，纠正违章指挥、违章作业，提高搞好安全生产的自觉性和责任感。

4. 预防伤亡事故或把事故降下来，把伤亡事故频率和经济损失降到低于社会允许的范围及国际同行业的先进水平。

5. 不断改善生产条件和作业环境，达到最佳安全状态。但是，由于安全隐患是与生产同时存在的，因此危及劳动者的不安全因素也同时存在，事故的原因也是复杂和多方面的。为此，必须通过安全检查对施工（生产）中存在的不安全因素进行预测、预报和预防。

（三）安全检查类型

安全检查可分为日常性检查、专业性检查、季节性检查、节假日前后的检查和不定期检查。

1. 日常性检查即经常的、普遍的检查。企业一般每年进行 1~4 次；工程项目部每月至少进行 1 次；班组每周、每班次都应进行检查。专职安全人员的日常检查应该有计划，针对重点部位周期性地进行。

2. 企业内部必须建立定期分级安全检查制度，由于企业规模、内部建制等不同，要求也不能千篇一律。一般中型以上的企业（公司），每季度组织一次安全检查；工程处（项目部、附属厂）每月或每周组织一次安全检查。每次安全检查应由单位领导或总工程师（技术领导）带队，有工会、安全、动力设备、保卫等部门派员参加。这种制度性的定期检查内容，属全面性和考核性的检查。

3. 季节性检查是指根据季节特点，为保障安全施工的特殊要求所进行的检查。如春季风大，要着重防火、防爆；夏季高温多雨、雷电，要着重防暑、降温、防汛、防雷击、防触电；冬期要着重防寒、防冻等。

4. 经常性的安全检查。在施工（生产）过程中进行经常性的预防检查。能及时发现隐患，消除隐患，保证施工（生产）的正常进行，通常有：班组进行班前、班后岗位安全检查；各级安全员及安全值班人员日常巡回安全检查；各级管理人员在检查生产同时检查安全。

5. 专业性检查是针对特种作业、特种设备、特殊场所进行的检查，如电焊、气焊、起重设备、运输车辆、锅炉压力容器、易燃易爆场所等。

（四）安全检查注意事项

1. 安全检查要深入基层，紧紧依靠职工，坚持领导与群众相结合的原则，组织好检查工作。

2. 建立检查的组织领导机构，配备适当的检查力量，挑选具有较高技术业务水平的专业人员参加。

3. 明确检查的目的和要求。既要严格要求，又要防止一刀切，要从实际出发，分清主次矛盾，力求实效。

4. 把自查与互查有机结合起来。基层以自检为主，企业内相应部门间互相检查，取长补短，相互学习和借鉴。

第三节　市政给排水管道管理和维护

一、给排水管道技术资料管理

（一）建设单位管理的技术资料

建设单位主要对以下技术资料进行管理：
（1）竣工工程项目一览表。
（2）图纸会审记录、设计变更通知书、技术核定书及竣工图等。
（3）隐蔽工程验收记录。
（4）工程质量检验记录、质量事故的发生和处理记录、监理工程师的整改通知单等。
（5）规范要求的各种试验、检验记录。
（6）设备的调试和试运行记录。
（7）由施工单位和设计单位提出的工程移交及使用注意事项文件。
（8）其他有关该项工程的技术规定。

（二）施工单位管理的技术资料

施工单位主要对以下技术资料进行管理：

（1）工程项目的开工报告。

（2）图纸会审记录、有关工程会议记录、设计变更及技术核定单。

（3）施工组织设计和施工经验总结。

（4）施工技术、质量及安全交底记录、雨期施工措施记录。

（5）分部分项及单位工程质量评定表，重大质量、安全事故情况分析及其补救措施、处理文件。

（6）隐蔽工程验收记录及竣工证明书。

（7）设备及系统试压、调试和试运行记录。

（8）规范要求的各种检验、试验记录。

（9）施工日记。

（10）施工技术管理经验总结。

（三）供水部门管理的技术资料

供水部门主要对以下技术资料进行管理：

（1）管网平面图（图中应注明管线、泵站、阀门、消火栓等位置和尺寸）。

（2）管线详图（图中应注明干管、支管和接户管的位置、直径、埋深及阀门具体布置等）。

（3）管线穿越铁路、公路和河流的构筑物详图。

（4）阀门和消火栓记录资料，资料内容主要包括型号、安装年月、地点、口径、检修记录等。

（5）管道检漏、防腐及清洗记录。

二、给水管道维护和管理

（一）给水管道的日常维护与检查

给水管道的日常维护与检查内容主要包括给水管道的检漏、给水管道的水压与流量测定。

1. 给水管道的检漏

给水管道的检漏是指检查给水管道的泄漏情况，该项工作是降低给水管道漏水量、节约用水和降低成本的重要措施。

给水管道的检漏方法多种多样，下面主要介绍听漏法、直接观察法和间接测定法。

（1）听漏法

听漏法是指根据管道漏水时产生的漏水声或由此产生的震荡来判断漏水情况的方法，采用的仪器有听漏棒、电子听漏仪等。

听漏棒犹如一个探针，尾部配有锥形物，能与耳朵密切贴合，其使用方法为：将细尖一端放在给水管道上，耳朵贴在锥形物一端，仔细倾听，如果听到"咝咝"或"轰轰"的声音，说明漏水。

电子听漏仪一般由探头、主机和耳机组成。探头用于探测漏水声，其一般设有防风罩，可以防止环境噪声或风声的干扰；主机可以将探头传来的漏水声放大，并过滤干扰声音；耳机将主机放大的漏水声传入耳朵。

电子听漏仪的使用方法为：将探头放在地面上，戴上耳机倾听有无漏水声。

（2）直接观察法

直接观察法是指从地面上观察有无漏水痕迹来判断是否漏水的方法。一般当发现下列情况之一时，说明给水管道可能漏水。

①地面上有"泉水"出露现象。

②在给水管道敷设不久后，局部位置的管沟回填土下塌速度比其他位置快。

③地面的局部位置出现潮湿。

④柏油路面发生沉陷。

⑤给水管道上局部位置的青草生长茂盛。

（3）间接测定法

间接测定法是指通过测定给水管道的水压与流量是否正常来判断是否漏水的方法，这种方法可以测出漏水地点。

2. 给水管道的水压与流量测定

在给水管道的日常维护与检查中，应时常测定给水管道的水压和流量，以便更好地了解其运行情况。

（1）水压测定

测定水压时，可在给水管道下方设置导压管，在导压管上安装压力表，从压力表上即可读出该处的水压。

（2）流量测定

流量测定时，可采用压差流量计、电磁流量计和超声波流量计等设备。

①压差流量计主要由节流装置、压差引导管和压差计组成。其工作原理为，节流装置安装在给水管道中，水流经过节流装置时形成局部收缩，在节流装置前后产生压差，这种

压差通过压差引导管传给压差计，因为水流量越大，产生的压差越大，可根据压差计读出的数据来判断水流量的大小。

②电磁流量计是根据法拉第电磁感应定律制成的一种测量导电液体流量的仪器。其工作原理为，电磁流量计在垂直于水流方向产生磁场，导电液体通过磁场时产生感应电动势，因为感应电动势和导电液体流量呈线性关系。

③超声波流量计主要由探头和主机组成，它利用超声波传播原理测量给水管道内的液体流量。测量时，将探头贴装在给水管道上，在主机上输入液体的相关参数，即可测出液体流量。

（二）给水管道的防腐与清垢

1. 给水管道的防腐

给水管道直接与土壤或大气接触，容易发生化学腐蚀和电化学腐蚀，腐蚀严重时会发生破裂，从而漏水。为了防止这种情况发生，给水管道应进行防腐处理，方法主要有涂料防腐和沥青绝缘层防腐两种。涂料防腐适用于与空气接触的给水管道，沥青绝缘层防腐适用于埋地的给水管道。

（1）涂料防腐

涂料防腐是指在给水管道外侧涂刷具有防腐性能的涂料（俗称油漆）来进行防腐。

涂料防腐的施工主要包括以下三步：

①在给水管道的表面涂刷一层底漆。底漆是整个涂层的基础，可以起到防锈、防腐、防水等作用。

②在底漆上涂刷面漆。面漆是主要的防护层，具有多种颜色，可以使给水管道获得所需的色彩。

③在面漆上涂刷罩光清漆。罩光清漆可以增强涂层的光泽和耐腐蚀性能。

（2）沥青绝缘层防腐

沥青绝缘层防腐是指在给水管道外侧设置沥青绝缘层来进行防腐，沥青绝缘层一般由沥青底漆层、沥青层和塑料布层组成，具体结构如表7-1所示。

表7-1 沥青绝缘层结构

防腐等级	沥青绝缘层结构	总厚度最小值/mm
普通防腐	沥青底漆层→3层沥青层（沥青层间夹玻璃布）→塑料布层	6
加强防腐	沥青底漆层→4层沥青层（沥青层间夹玻璃布）→塑料布层	8
特加强防腐	沥青底漆层→5层或6层沥青层（沥青层间夹玻璃布）→塑料布层	10或12

沥青底漆层：采用的材料一般为冷底子油（将沥青溶解在煤油、轻柴油或汽油中制成的材料），其直接与给水管道接触，可以增强给水管道表面和沥青层之间的黏结作用。

沥青层：采用的材料一般为石油沥青，为了提高沥青层的强度，可在石油沥青中加入矿物材料，如石灰石粉、高岭土、滑石粉等。

玻璃布：夹在沥青层间，可以提高绝缘性、热稳定性和强度等。

塑料布层：设置在沥青层外，可以提高绝缘性、热稳定性、耐寒性和强度等。

下面以普通防腐为例，介绍沥青绝缘层的施工步骤，具体如下：

①将给水管道架起，然后用漆刷将冷底子油涂刷在给水管道上，涂刷要均匀，厚度宜为 0.1~0.15 mm。

②人工或机械涂刷第一层沥青，涂刷应均匀、光滑。

③沥青涂刷后，螺旋缠绕第一层玻璃布。

④在玻璃布上涂刷第二层沥青。

⑤按照前述方法缠绕第二层玻璃布、涂刷第三层沥青。

⑥第三层沥青涂刷完毕后，缠绕塑料布。

2. 给水管道的清垢

给水管道运行一段时间后，通常会在内壁产生锈蚀并产生水垢，从而影响输水能力且污染水质。这时，应对给水管道进行清垢工作，以恢复其输水能力并改善水质。

给水管道的清垢方法主要有水力冲洗法、气水冲洗法、机械刮管法和化学清洗法。

（1）水力冲洗法

水力冲洗法是指采用高速水流冲洗给水管道，该方法适用于冲洗一些松软的水垢，不能冲洗坚硬的水垢。

（2）气水冲洗法

气水冲洗法是指采用气水联合冲洗，即在对给水管道进行高速水流冲洗的同时，输入压缩空气，压缩空气进入给水管道后迅速膨胀并与水混合，产生流速很大的气水混合流，对管壁产生很大的冲击，使水垢逐渐松弛、脱落。气水冲洗法比水力冲洗法冲击力大，所以可以冲洗较硬的水垢。

（3）机械刮管法

机械刮管法是指采用钢丝绳在给水管道内来回拖动刮管器来刮除水垢。刮管器一般由切削环、刮管环和钢丝刷等组成。刮管器刮除水垢的过程一般为：首先，由切削环在给水管道内的水垢上刻划深痕；其次，由刮管环将水垢刮下；最后，由钢丝刷刷净。

（4）化学清洗法

化学清洗法是指将一定浓度的盐酸或硫酸放入给水管道中，浸泡一定时间，将水垢溶解，然后用水清洗干净。

（三）给水管道的水质管理

给水管道的水质管理是一项非常重要的工作，因为给水管道的水质直接关系着人们的身体健康和工业产品的质量，如果管理不善，则可能会导致饮用者患病及产品不合格等。所以，必须加强给水管道的水质管理，确保水质符合标准。

1. 影响给水管道水质的因素

影响给水管道水质的因素主要有出厂水水质状况、给水管道状况、二次供水设施状况、加氯消毒状况等。

（1）出厂水水质状况

出厂水水质状况主要包括两方面：一是水的合格率；二是水的稳定性。

①水的合格率。如果水的合格率不符合标准，将直接影响给水管道的水质，这种情况主要体现在以下两点：

a. 出厂水没有净化干净，本身存在污染物，会滋生大量病菌，从而影响水质。

b. 出厂水有腐蚀性且铁含量超标，这时会使管内产生铁锈，出现红水现象。

②水的稳定性。如果水的稳定性较差，也会直接影响给水管道的水质，其主要体现在以下两点：

a. 出厂水中游离的 CO_2 比平衡量少，这时会产生 $CaCO_3$ 沉淀，从而影响水质。

b. 出厂水中游离的 CO_2 比平衡量多，这时水呈酸性，会与金属管壁或水中的铁发生化学反应，产生有害物质。

（2）给水管道状况

水从出厂到用户终端需要经过很长的给水管道，这期间给水管道的状况会影响水质，具体体现在以下五点：

①给水管道如果是金属材质，当使用年限过长或遇上呈酸性的出厂水时，管壁容易腐蚀，产生水垢，从而影响水质。

②给水管道如果是非金属材质，在使用初期可能会存在防腐剂、固化剂渗入水中的情况，从而影响水质。

③给水管道的施工如果不符合规范（如给水管道与其他管道连接不合理或错接），则会影响水质。

④当给水管道漏水时，如果未及时进行检修，则外部污染水（如水池废水、受污染的地下水等）可能会倒流入给水管道，从而影响水质。

⑤有些阀门、水表、管件长期浸泡在水中，容易损坏，导致污染水流入给水管道，从而影响水质。

（3）二次供水设施状况

二次供水设施是指为保障生活饮用水而设置的水池（箱）及附属的管道、阀门、水泵机组、气压罐、电控设备等，其状况也会影响水质，具体体现在以下三点：

①设施设计不合理而影响水质。例如，用户用水量小而水池（箱）大，使水滞留时间较长，容易滋生病菌；水池（箱）的通风孔、检修孔封闭性差，导致尘、虫、鼠进入；水池（箱）位置设置不当（如与化粪池距离太近），容易受污染。

②设施选材不当而影响水质。例如，有的水池采用钢筋混凝土结构并且未做内衬处理，水泥中有害成分可能会析出从而污染水质；有的水池内壁涂料会采用水泥涂料、聚氨酯涂料等，这些涂料会对水质造成不同程度的影响；有很多水箱是钢板焊接而成的，其内部通常涂刷防锈漆，防锈漆附着力差，在水的长期冲刷下可能会脱落，从而影响水质。

③设施运行管理不善而影响水质。例如，设施投入使用后，多年没有清洗消毒；设施破坏时，没有及时进行修理，致使污染物进入。

（4）加氯消毒状况

为了确保水质，出厂水应进行加氯消毒，但一些地方出于经济等原因，没有加氯或加氯量不够，这时会导致细菌、大肠杆菌等微生物大量繁殖，从而影响水质。另外，一些地方对加氯消毒的认识有误区，加氯过多，导致一些致癌物产生，从而也会影响水质。

2. 改善给水管道水质的主要措施

改善给水管道水质的主要措施有提高出厂水水质、改进完善给水管道、改进完善二次供水设施、合理加氯。

（1）提高出厂水水质

提高出厂水水质的措施主要有以下三点：

①出厂水在采取常用工艺（如混凝、沉淀、过滤、消毒）进行净化处理前，可先进行预处理。

②对于含铁量大的水，可增加特殊工艺进行处理。

③将水的 pH 值调至 7~8.5，以提高水的稳定性。

（2）改进完善给水管道

改进完善给水管道的措施主要有以下五点：

①给水管道应采用较好的材质（如既能抗腐蚀，又不会析出有害物质的材质）。

②给水管道施工时，应严格遵守设计规范，做到合理设计、合理施工。

③及时对给水管道进行检漏和堵漏。

④给水管道应定期进行清垢工作。

⑤长期未使用的给水管道，在恢复使用前必须冲洗干净。

（3）改进完善二次供水设施

改进完善二次供水设施的措施主要有以下六点：

①改进水池（箱）的工艺结构，避免出现死水区，使水处于流动状态。

②水池（箱）容积不应设计得过大，以满足一天用水量的40%~60%为宜。

③水池（箱）的通风孔、检修孔应密闭严实。

④水池采用钢筋混凝土结构时，应做好内衬处理。

⑤由钢板焊接而成的水箱应做好防腐处理，并且应选用对水质无影响的防腐涂料，如食品级环氧树脂。

⑥设立专门管理机构，对二次供水设施的设计、选材、施工进行审查、监理，确保其符合技术规范；同时会同卫生防疫部门，加强水质监测，监督相关人员对水池（箱）进行清洗、消毒。

（4）合理加氯

合理加氯主要体现在以下三点：

①在保证消灭水中细菌、病菌和其他微生物的前提下，应尽量降低氯的投加量。

②如果管道过长引起余氯不足，则可中途加氯。

③如果水中的铁、锰含量较高，则不宜加氯消毒。

（四）给水管道的供水调度

给水管道的供水调度是指合理组织和协调给水系统各组成部分之间的运行管理，以确保供水安全、提高服务质量和降低运行费用。

给水管道的供水调度主要有人工经验调度、计算机辅助调度和全自动化调度三种方式。随着城市的快速发展，全自动化调度成为主要趋势，下面进行重点介绍。

全自动化调度采用监控和数据采集系统。

该系统一般由中央监控室、分中心和现场终端等组成。

中央监控室：主要负责监视、管理和控制分中心。

分中心：主要负责监控水源地、清水池、泵站设施的流量、水位、水压和水质等，并将数据传送给中央监控室。

现场终端：设在泵站、管网末端和水源地等处，用以检测水质、流量、机泵运转状况，并接受及执行分中心的指令。

三、排水管道维护和管理

（一）排水管道的检查

排水管道应定期进行检查，当发现堵塞或损坏时，应及时进行疏通和修理。排水管道的检查方法主要有 CCTV 检查法、声呐检查法、观察检查法、潜水检查法。

1. CCTV 检查法

CCTV 检查法是指采用 CCTV 系统对排水管道进行检查的方法。检查时，将 CCTV 系统安装在爬行器上，使其进入排水管道进行摄像记录，技术人员根据摄像资料，对排水管道状况进行判定，进而确定是否进行疏通或修理。

2. 声呐检查法

声呐检查法是指采用声波反射技术对排水管道进行检查的方法，其主要用于高水位的排水管道检查。检查时，将声呐传感器放入排水管道内，使其发出声波，声波遇到管壁或管中物便会反射回来，反射回来的声波信号经计算机处理后形成声呐图像，通过图像分析便可了解排水管道的内部情况。

3. 观察检查法

观察检查法是指通过观察检查井水位、水质等情况来判断排水管道是否堵塞或损坏。例如，观察同条排水管道相邻的检查井水位，如果发现水位不相等，则可断定排水管道堵塞；观察检查井的水质，如果发现上游检查井的水为正常的雨、污水，而下游检查井的水为黄泥浆水，则可断定排水管道中间有断裂或塌陷。

4. 潜水检查法

潜水检查法适用于大口径排水管道，它是指潜水员进入排水管道，通过观察和手摸管壁来进行检查。采用潜水检查法时，排水管道的直径不得小于 1200 mm，水流速度不得大于 0.5 m/s。从事潜水检查作业的单位和人员必须具有特种作业资质。

（二）排水管道的疏通

排水管道在使用过程中，往往由于水量不足、坡度较小、污水中含有较多污物或施工质量不良等原因，导致沉积物日益增多，从而影响排水能力，甚至造成堵塞。因此，必须进行定期疏通。排水管道的疏通方法主要有人工疏通法、竹片（钢条）疏通法、转杆疏通法、水力疏通法、绞车疏通法和射水疏通法等。

1. 人工疏通法

人工疏通法是指在保障安全的前提下，人工进入检查井对排水管道进行疏通掏挖。采用人工疏通法时，应严格遵守井下操作规程。

2. 竹片（钢条）疏通法

竹片（钢条）疏通法是指将竹片（钢条）等工具推入排水管道内，顶推阻塞部位，达到疏通的目的。

3. 转杆疏通法

转杆疏通法是指利用可弯曲的弹簧节杆，加以不同形式的钻头，由驱动装置驱使弹簧节杆转动，从而带动钻头钻动，顶推阻塞部位，达到疏通的目的。

4. 水力疏通法

水力疏通法是指通过提高排水管道上下游水位差、加大水流速度来进行疏通的一种方法。疏通时，可在排水管道上游选择合适的检查井为临时集水的冲洗井，用塞子堵塞下游出口，当上游水位上涨到要求高程、形成足够的水位差后，快速去除塞子，使水流以较大的速度来冲洗排水管道。

5. 绞车疏通法

绞车疏通法是指采用绞车牵引疏通工具来清除淤泥的方法。疏通时，在需要疏通管道的两个相邻检查井旁，分别设置一辆绞车，利用穿绳器将一辆绞车的钢税绳牵引到另一辆绞车处，在钢统绳连接端连接上疏通工具，依靠绞车的交替作用使疏通工具在管道中上下刮行，从而清除淤泥。

6. 射水疏通法

射水疏通法是指利用高压水流冲洗排水管道来达到疏通的目的。疏通时，需要一辆高压射水车和一辆吸泥车配合使用，高压射水车产生高压水流冲洗排水管道，上游淤泥在高压水流的作用下松动，变成可移动的悬浮物质，并随着水流输送到下游的沉泥井中，最后利用吸泥车将沉泥井中的集泥吸出。

（三）排水管道的修理

当发现排水管道有损坏时，应及时进行修理，以防损坏处扩大而造成事故，修理内容主要包括以下四点：

（1）检查井、雨水口顶盖的修理与更换。

（2）检查井内踏步的更换，砖块脱落后的修理。

（3）局部管段损坏后的修补。

（4）排水管道本身损坏严重或淤积严重无法疏通时，应整段开挖翻修。

参考文献

[1] 高将，丁维华. 建筑给排水与施工技术［M］. 镇江：江苏大学出版社，2021.

[2] 冯萃敏，张炯. 给排水管道系统［M］. 北京：机械工业出版社，2021.

[3] 平良帆，吴根平，杜艳斌. 建筑暖通空调及给排水设计研究［M］. 长春：吉林科学技术出版社，2021.

[4] 武建华. 市政规划与给排水工程研究［M］. 汕头：汕头大学出版社，2021.

[5] 刘海娥. 城市轨道交通给排水工程［M］. 成都：西南交通大学出版社，2021.

[6] 王新华. 供热与给排水［M］. 天津：天津科学技术出版社，2020.

[7] 许彦，王宏伟，朱红莲. 市政规划与给排水工程［M］. 长春：吉林科学技术出版社，2020.

[8] 李亚峰，王洪明，杨辉. 给排水科学与工程概论［M］. 3 版. 北京：机械工业出版社，2020.

[9] 房平，邵瑞华，孔祥刚. 建筑给排水工程［M］. 成都：电子科技大学出版社，2020.

[10] 孙明，王建华，黄静. 建筑给排水工程技术［M］. 长春：吉林科学技术出版社，2020.

[11] 张胜峰. 建筑给排水工程施工［M］. 北京：中国水利水电出版社，2020.

[12] 梅胜，周鸿，何芳. 建筑给排水及消防工程系统［M］. 北京：机械工业出版社，2020.

[13] 张伟. 给排水管道工程设计与施工［M］. 郑州：黄河水利出版社，2020.

[14] 杜海霞，吴慧芳. 给排水科学与工程专业实习指导［M］. 北京：化学工业出版社，2020.

[15] 李亚峰，唐婧，李倩倩. 给排水科学与工程专业实习与实训［M］. 北京：化学工业出版社，2020.

[16] 李孟珊. 给排水工程施工技术［M］. 太原：山西人民出版社，2020.

[17] 王宏图，姚远，张宏伟. 给排水工程与市政道路［M］. 长春：吉林科学技术出版

社，2020.

［18］黄珺，季大力，曹坚. 市政建设与给排水信息工程研究 ［M］. 哈尔滨：哈尔滨地图
　　　出版社，2020.

［19］饶鑫，赵云. 市政给排水管道工程 ［M］. 上海：上海交通大学出版社，2019.

［20］边喜龙. 给排水工程施工技术 ［M］. 北京：中国建筑工业出版社，2019.

［21］郭沛鋆. 市政给排水工程技术与应用 ［M］. 合肥：安徽人民出版社，2019.

［22］谢玉辉. 建筑给排水中的常见问题及解决对策 ［M］. 北京：北京工业大学出版社，
　　　2019.